DE
ÁREAS DEGRADADAS
A ESPAÇOS VEGETADOS

Dados Internacionais de Catalogação na Publicação (CIP)
(Jeane Passos Santana – CRB 8ª/6189)

Sanches, Patrícia Mara
    De áreas degradadas a espaços vegetados / Patrícia Mara Sanches. – São Paulo : Editora Senac São Paulo, 2014.

    Bibliografia
    ISBN 978-85-396-0770-9

    1. Paisagem urbana 2. Planejamento ambiental 3. Reabilitação de áreas degradadas 4. Espaços verdes I. Título.

                                        CDD-711.4
14-262s   BISAC ARC010000

            Índice para catálogo sistemático:

    1. Paisagem urbana : Planejamento ambiental   711.4

PATRÍCIA MARA SANCHES

DE
ÁREAS
DEGRADADAS
A ESPAÇOS
VEGETADOS

Editora Senac São Paulo – São Paulo – 2014

Administração Regional do Senac no Estado de São Paulo
Presidente do Conselho Regional: Abram Szajman
Diretor do Departamento Regional: Luiz Francisco de A. Salgado
Superintendente Universitário e de Desenvolvimento: Luiz Carlos Dourado

Editora Senac São Paulo
Conselho Editorial: Luiz Francisco de A. Salgado
　　　　　　　　　　Luiz Carlos Dourado
　　　　　　　　　　Darcio Sayad Maia
　　　　　　　　　　Lucila Mara Sbrana Sciotti
　　　　　　　　　　Jeane Passos Santana

Gerente/Publisher: Jeane Passos Santana (jpassos@sp.senac.br)
Coordenação Editorial: Márcia Cavalheiro Rodrigues de Almeida (mcavalhe@sp.senac.br)
　　　　　　　　　　　 Thaís Carvalho Lisboa (thais.clisboa@sp.senac.br)
Comercial: Marcelo Nogueira da Silva (marcelo.nsilva@sp.senac.br)
Administrativo: Luís Américo Tousi Botelho (luis.tbotelho@sp.senac.br)

Edição de Texto: Luiz Guasco
Preparação de Texto: Ângela Cruz
Revisão de Texto: Luiza Elena Luchini (coord.), ASA Assessoria e Comunicação
Projeto Gráfico: Fabiana Fernandes
Capa: Antonio Carlos De Angelis
Impressão e Acabamento: Mundial Gráfica Ltda.

Proibida a reprodução sem a autorização expressa.
Todos os direitos desta edição reservados à
Editora Senac São Paulo
Rua Rui Barbosa, 377 – 1º andar – Bela Vista – CEP 01326-010
Caixa Postal 1120 – CEP 01032-970 – São Paulo – SP
Tel. (11) 2187-4450 – Fax (11) 2187-4486
E-mail: editora@sp.senac.br
Home page: http://www.editorasenacsp.com.br

© Editora Senac São Paulo, 2014

SUMÁRIO

Nota do editor *7*

Prefácio *9*
   Maria Cecília Barbieri Gorski

Apresentação *13*

Introdução *19*

1. Panorama das áreas degradadas urbanas *25*
    Afinal, o que é uma área degradada? *25*
    Remontando às origens da degradação e conhecendo o panorama brasileiro *31*
    Descortinando soluções *35*

2. Conversão de áreas degradadas em áreas verdes *45*
    Áreas verdes urbanas: reconhecendo seus benefícios *45*
    A transformação em novos espaços verdes: benefícios, barreiras e desafios *50*
    Visão dos projetos e das políticas atuais *61*
    Uma luz "verde" no fim do túnel *65*
    Mais algumas palavras *125*

3. A infraestrutura verde aplicada na recuperação e revitalização de áreas degradadas *129*
    O que é infraestrutura verde urbana? *129*
    Análise das estratégias e considerações finais *176*

4. **Raio-X da degradação urbana em São Bernardo do Campo** *183*
    Por que São Bernardo do Campo? *184*
    Perfil e diagnóstico socioambiental da cidade *191*

5. **Diretrizes para analisar e avaliar uma área degradada** *201*
    Mapeamento da degradação em São Bernardo do Campo *201*
    Critérios de análise e avaliação qualitativa *205*
    Vocação das áreas verdes *248*

Considerações finais e desdobramentos *263*

Bibliografia *271*

NOTA DO EDITOR

Se, no fim do século XIX e no início do século XX, a construção de praças e parques visava o embelezamento das cidades e a oferta de espaços destinados ao lazer, nas últimas décadas, a ocupação massiva do solo, por diferentes tipos de empreendimentos, praticamente suprimiu essas possibilidades.

A contínua impermeabilização do solo, daí decorrente, contribui para a ocorrência de enchentes, ao passo que o deslocamento de segmentos mais pobres da população, em consequência da especulação imobiliária, para áreas de preservação ambiental, como nascentes de rios, pode ameaçar o abastecimento de água para os núcleos urbanos.

De áreas degradadas a espaços vegetados reflete sobre esses e outros problemas da complexa realidade com que nos defrontamos nos grandes centros urbanos, propondo várias soluções, inclusive já experimentadas em outros países, para áreas ociosas consideradas degradadas, a fim de obter modificações nesse quadro.

Publicado pelo Senac São Paulo, este livro aponta alternativas viáveis para a instauração de áreas verdes na malha urbana, o que o torna de grande valia para engenheiros, arquitetos, urbanistas e gestores públicos.

PREFÁCIO

A população mundial urbana, desde 2008, é maior que a população rural. No Brasil, 85% da população vive em áreas urbanas. Esses dados reafirmam a importância da qualidade de vida urbana como uma questão central para a humanidade.

As regiões metropolitanas defrontam-se com disfunções, como a desvalorização das áreas centrais, o déficit habitacional, o deslocamento das indústrias, a substituição da matriz do transporte ferroviário pelo rodoviário e a desativação das estações ferroviárias centrais, o fenômeno da dispersão urbana e a criação de novas centralidades, além do agravamento da crise da mobilidade, da marginalização social e da violência urbana.

São constantes as transformações ocasionadas por fatores socioeconômicos, políticos, demográficos, jurídicos, tecnológicos, fenômenos climáticos e outros tantos.

A legislação ambiental estabelece a criação de espaços de proteção dos recursos ambientais, como cursos d'água, matas e bosques, denominados Áreas de Preservação Permanente (APP), que, em virtude da debilidade de gestão, se revelam frágeis, além de serem frequentemente desrespeitados, degradados e invadidos.

Novos bairros são criados, ao mesmo tempo que bairros consolidados passam por mudanças de uso do solo urbano, e outras tantas áreas encontram-se em situação de degradação e abandono.

Esse é o tema central deste livro que Patrícia Sanches nos apresenta.

Como identificar, categorizar e avaliar o potencial de recuperação de áreas degradadas?

Quais são as vocações dessas áreas?

Como inseri-las na pauta do planejamento urbano ambiental?

Patrícia Sanches sempre manifestou interesse pelas áreas públicas urbanas desde que cursou a graduação na Faculdade de Arquitetura e Urbanismo da Universidade de São Paulo (FAU-USP).

Quando a conheci, recém-formada, integrava a equipe de trabalho na Barbieri & Gorski e sempre demonstrou muita desenvoltura para deslocar-se pela cidade de São Paulo utilizando todas as modalidades de transporte, incluindo a bicicleta.

Em seus percursos pelos bairros paulistanos, conectava-se com a possibilidade da criação de corredores urbanos ao longo de áreas residuais que resultassem da implantação de sistemas de transportes públicos sobre trilhos.

Durante esse período, os governos estadual e municipal deram alguns passos para a criação de ciclovias em São Paulo, como na Marginal do rio Pinheiros e na avenida Brigadeiro Faria Lima, ou ciclofaixas, que contemplam várias áreas da cidade, em operações especiais aos domingos, conectando-as a parques da capital, como o Parque do Povo, o Parque Ibirapuera e o Parque Villa-Lobos.

As inquietações de Patrícia Sanches a levaram a pensar na requalificação de áreas urbanas durante seus estudos de mestrado. Sua dissertação é a base deste livro, que aborda o tema da recuperação do tecido urbano, numa perspectiva de integração das áreas residuais vacantes com o sistema de áreas livres, com vista à recuperação ambiental, à consolidação de espaços voltados para a prática de esportes, o lazer ativo e passivo e a atividade cultural.

Ao contrário do que preconizava o planejamento modernista, ela recomenda a criação de espaços multiúso, levando em conta o contexto sociocultural em que se inserem as áreas a serem recuperadas.

Para conceituar as áreas degradadas, Patricia explica o surgimento delas e a diversificada caracterização, discorrendo sobre o papel das áreas verdes públicas e sua importância crescente no meio urbano.

Propõe que as áreas deterioradas sejam transformadas, tendo em vista a promoção da qualidade de vida urbana, e se constituam em elemento coadjuvante da infraestrutura verde urbana, como expõe no capítulo 3, "A infraestrutura verde aplicada na recuperação e revitalização de áreas degradadas".

Apresenta 21 projetos bem-sucedidos de transformação de áreas degradadas, provenientes de atividades de mineração, aterros de resíduos, leitos ferroviários desativados, antigas áreas industriais, orlas de cursos de água impactadas, entre outras, que se tornaram parques, tanto no Brasil quanto em outros países.

Entre os projetos apresentados, foram selecionados um estudo de caso do Reino Unido, um dos Estados Unidos e outro do Canadá. Esses três estudos foram adotados como parâmetros de projetos de recuperação integrados a planos urbanísticos mais abrangentes, em que a infraestrutura verde está contemplada.

A autora visitou cada um deles e procurou se aprofundar na questão metodológica das várias etapas dos projetos, como a definição do escopo, da conceituação geral, dos atores envolvidos, dos cronogramas de desenvolvimento do projeto da implantação de pequeno, médio e longo prazos e do financiamento das operações.

A vivência de cada um dos projetos criou condições para sua sensibilização sobre as áreas implantadas, a apreciação da qualidade do desenho final e a reflexão sobre o uso e a gestão dos espaços.

Como área de estudo foi escolhida a cidade de São Bernardo do Campo, que se localiza em área de grande potencial hídrico e integra a região metropolitana de São Paulo, considerando que se trata de um exemplo significativo de transformação, principalmente em face do declínio do setor industrial, que resultou na necessidade de a cidade se reinventar.

Em um trabalho exaustivo, a autora fez uma varredura no território urbano do município e elegeu 61 áreas de estudo, para as quais desenvolveu e aplicou uma metodologia de mapeamento, seleção e categorização.

A leitura das áreas e do entorno delas, o entendimento da situação desses espaços dentro do plano diretor municipal, além da análise e classificação que realizou, tendo como parâmetros os casos estudados, criaram condições para que fosse estabelecida a vocação de cada área e as diretrizes projetuais, sem perder a referência da bacia hidrográfica como a unidade de planejamento em que está inserida a área de estudo.

A metodologia e os casos apresentados neste trabalho serão de grande valia para as cidades brasileiras de médio e grande porte, que estão se transformando constantemente e se defrontando com áreas impactadas, em função de novos traçados viários e de novos modelos de produção do espaço.

A apresentação detalhada de exemplos bem-sucedidos de revitalização de espaços públicos é uma importante chave para os profissionais da área e os gestores urbanos, principalmente em um país como o Brasil, em que a produção de espaços públicos de qualidade é escassa.

Maria Cecília Barbieri Gorski
Arquiteta paisagista

APRESENTAÇÃO

Meu interesse pelas áreas degradadas surgiu no fim do meu curso de graduação na Faculdade de Arquitetura e Urbanismo da Universidade de São Paulo, em 2006.

Até a metade do curso, sentia certa frustração com a maneira como as cidades funcionavam e se transformavam. Nessa época, acreditava que a qualidade de vida conquistada pelo equilíbrio entre o homem e a natureza só seria possível se o ser humano fugisse das cidades ou do padrão de cidade que até então eu conhecia. Acreditava que essa relação harmoniosa e o contato com a terra, os animais e as matas só seria possível com uma vida no campo, longe dos centros urbanos. E que a convivência social e todas as relações que ela promove, como a troca de experiências, ideias, comportamentos, culturas, bens e mercadoria, enfim, o que faz a cidade florescer e ter sentido, não parecia ser algo tão vantajoso e benéfico, pois o preço a ser pago seria muito alto.

Como era possível conviver com os problemas de saúde decorrentes da exposição excessiva aos gases poluentes, o estresse da vida atribulada dos grandes centros urbanos, o medo da violência, que transformou as pessoas em prisioneiras de condomínios fortificados, onde vivem uma liberdade relativa, ou a falta de áreas verdes e opções de lazer, que tornaram as pessoas reféns de um entretenimento "enlatado" e consumista, propiciado pelos espaços "públicos" de convivência, como os shopping centers? Acrescente-se a isso o estresse provocado pelas grandes jornadas de trabalho diário para gerar resultados imediatistas e impulsionadas pelo lucro a todo custo. Enfim, eu acreditava que as cidades não tinham mais solução.

No entanto, havia um detalhe nesse contexto: minha referência de centro urbano era o lugar onde eu morava, a região metropolitana de São Paulo, desordenada e frenética, com seus 20 milhões de habitantes!

Será que São Paulo poderia ganhar mais áreas verdes que abrigassem alta biodiversidade e promovessem o contato estreito da população com a natureza – animais, plantas, riachos de águas límpidas beirando os parques e as áreas de lazer, aonde as pessoas pudessem chegar facilmente com uma caminhada de dez minutos? Eu imaginava que esse era um sonho difícil, quase uma utopia. Porém, minha concepção sobre o assunto mudou quando fui estudar arquitetura e urbanismo na Universidade Tecnológica de Delft, na Holanda. Nessa época, meu campo mental ampliou-se e meus conceitos foram revistos e modificados na medida em que pude experimentar uma nova condição, ao vivenciar situações com as quais sempre sonhei e, assim, comprovar que é possível manter a natureza dentro da cidade e que essa relação pode ser não só harmoniosa como benéfica para todos: a população participa ativamente e tem esse cenário como parte do cotidiano, como algo comum.

Um elemento muito presente na paisagem holandesa é a água. Canais seculares costuram toda a malha urbana, cidades e povoados, constituindo uma rede de drenagem bastante eficiente. Durante a primavera e o verão, atividades náuticas, como caiaque, remo e passeio de barco, são praticadas nesses canais, em meio às ruas comerciais e residenciais. Namorados acostam-se em bancos à beira do canal e contemplam a paisagem, na qual pássaros e patos são protagonistas do cenário. As árvores estão por toda parte, nos passeios a pé, ao longo dos canais e rio, nos parques, bulevares e nos milhares de jardins públicos que entremeiam as habitações. Em alguns pontos, a natureza ganha um aspecto mais selvagem e se desenvolve espontaneamente, por meio de seus próprios processos naturais de sucessão ecológica. Nesses locais, a manutenção é praticamente nula e a biodiversidade, a mais alta possível.

Os europeus estão sempre inventando e melhorando seus espaços abertos públicos. Áreas que começam a se degradar, ou que estejam obsoletas, como antigas zonas portuárias e industriais, são alvo da intervenção de projetos arrojados e inovadores, sob consultas públicas e participação ativa da população. Um exemplo dessa iniciativa são as Docas Leste (Ilhas de Java, KNSM Island), em Amsterdã, onde havia uma antiga área portuária que foi desativada e revitalizada com a construção de um complexo residencial – um caso de sucesso de empreendimentos que se tornaram uma referência da arquitetura contemporânea na cidade.

Os seis meses vividos no exterior foram suficientes para mudar conceitos sobre a cidade que desejamos criar.

Ao voltar a São Paulo, tive um choque de realidade: a cidade, embrutecida, cinza, caótica e hostil, teria solução? Como seria possível torná-la mais humana? Dependente dos automóveis, fui submetida novamente a uma escala e velocidade de percepção da paisagem urbana totalmente diferente da de um ciclista, que é diferente da de um pedestre. Que saudade das bicicletas holandesas!

Em nosso cotidiano, perdemos detalhes e cenas inusitadas, como uma ave diferente planando ou simplesmente empoleirada em um galho de árvore, o bom-dia do vizinho ou aquela ruela, que, apesar de parecer sem graça, pode se descortinar com fachadas de edifícios de formas e cores antes não notadas.

A falta de áreas verdes era e continua sendo uma realidade no bairro em que nasci: a zona leste de São Paulo. E não se trata aqui de um bairro carente de infraestrutura, e sim de classe média e muito bem estruturado. Apesar disso, a vizinhança não dispõe de espaços livres de lazer próximos de casa, aos quais se possa chegar com uma breve caminhada. Então, como trazer mais verde a esses bairros? Ou melhor, como criar novas áreas verdes, já que as terras urbanas disponíveis são cada vez mais escassas e seu valor hoje atinge níveis exorbitantes? Será que isso tem solução? E se tivéssemos atitudes mais inteligentes e sensíveis, tirando proveito do que já existe e é acessível, mesmo que sua origem seja fruto de ações desordenadas e espontâneas? Ora, destruir e começar do zero já não é mais possível em cidades consolidadas, apenas em novos bairros e novas cidades planejadas. Em outras palavras, é necessário transformar!

Passei a reparar na quantidade de terrenos degradados, vazios ou ociosos em áreas de infraestrutura rica, com alto fluxo de pessoas, veículos, bens e mercadorias. Um desses espaços eram áreas degradadas lineares contínuas que se estendiam ao longo do eixo da Radial Leste (eixo viário e ferroviário do trem e do metrô) por 6 km. Tratava-se de áreas residuais que surgiram em decorrência da abertura da avenida, décadas atrás. Nas extremidades, havia outras duas grandes áreas degradadas: o piscinão do Rincão em uma ponta, próximo à estação Penha do metrô, e, na outra, um antigo aterro de resíduos inertes, cuja vida útil tinha se findado e estava pronto para receber novos usos e investimentos.

Enquanto muitos moradores enxergavam apenas um local feio, sujo, para descarte de entulho, para mim, aquilo parecia uma área livre com alto potencial para usos diversos. Naquele momento, nascia a proposta do meu trabalho final de graduação e o interesse pela correlação das áreas degradadas urbanas com as áreas verdes.

Logo percebi que aquele complexo de áreas degradadas, naquela configuração, guardava um potencial enorme de revitalização, transformando os terrenos vazios ao longo da Radial Leste em um corredor ecológico que conectaria as duas grandes áreas degradadas convertidas em parques. Imaginava que aquele espaço poderia se tornar um corredor multifuncional, com pista de caminhada e ciclovia, com quiosques de alimentos (sorvetes, bebidas e lanches), equipamentos públicos (de ginástica, *playground*, bases da guarda municipal) e mobiliário urbano (bancos, iluminação, lixeiras) dispostos ao longo dos 6 km. Isso significava a criação de um "corredor verde" de lazer, cujo conceito urbanístico poderia ser multiplicado como ramificações para as ruas do entorno imediato, perpendiculares e paralelas ao corredor (verde), com tratamento de pisos e mobiliário semelhantes ao do eixo revitalizado, conferindo identidade ao local.

Já o parque, onde se situava o piscinão, indicava a possibilidade de explorar o potencial de lazer e de recreação da água. Ele poderia ser transformado em uma bacia de detenção (com um lâmina de água permanente), mantendo a função de proteger a região contra alagamentos e, ao mesmo tempo, permitindo outros usos não conflitantes de lazer ligados a práticas esportivas na água e fora dela, assim como o descanso e a contemplação sobre deques de madeiras e bancos ao longo do parque.

O outro parque, próximo à estação Corinthians-Itaquera, indicava grande potencial para restaurar ecologicamente a área, por causa da nascente, dos riachos intermitentes e da conexão com fragmentos florestais próximos. Tudo isso muito bem articulado com o metrô, um sistema de transporte público muito eficiente e que, além de atender à população, propiciaria o acesso à área revitalizada por meio de uma das seis estações que pontuam a intervenção.

A grande ideia desse tipo de projeto era transformar um problema em solução. Uma ameaça, um entrave tornava-se, assim, uma oportunidade. No Brasil, porém, são poucas as referências, diferentemente de países da Europa, da Ásia, como Japão e Coreia, e dos Estados Unidos e do Canadá, que apresentam um histórico de pesquisas e casos de sucesso.

De fato, minhas observações e indagações profissionais tinham como pano de fundo inquietações pessoais mais profundas e, de alguma forma, eu precisava dar vazão a elas. A decisão de estudar Arquitetura e Urbanismo estava relacionada, principalmente, com o desejo de transformar e modificar o ambiente construído pelo homem em algo muito melhor do que foi posto. Ora! A paisagem está em constante mudança, principalmente em função das atividades humanas. Nada é estático! Cabe a nós a sensibilidade de perceber o que precisa ser modificado para atender às necessidades do homem e ao estilo de vida contemporâneo.

Hoje, muito se fala sobre a qualidade de vida e a busca do equilíbrio, e as pessoas começam a se questionar sobre o progresso e o desenvolvimento econômico obtido a qualquer custo. O que se percebe é que muitos já despertam para a necessidade de respeitar o meio ambiente e o planeta onde vivemos.

Depois de muitos séculos, as pessoas voltam a imitar e a se inspirar nas formas, mecanismos e processos sábios da natureza, aperfeiçoando a tecnologia e encontrando a cura para muitas doenças. Este livro segue essa mesma linha e pretende chamar a atenção do leitor para o papel de cada um como cidadão que integra uma sociedade e busca, acima de tudo, seu bem-estar e a sobrevivência de futuras gerações.

INTRODUÇÃO

O desequilíbrio ambiental causado pela escassez de áreas verdes nas grandes cidades brasileiras tem sido motivo de preocupação nas últimas décadas, sendo ponto crucial nas discussões que ocorrem nas universidades e institutos de pesquisas, no poder público, nas ONGs e na sociedade em geral. A diminuição gradativa dos espaços vegetados urbanos está fortemente associada ao aumento da impermeabilização e da densidade construída, principalmente das áreas centrais, e ao crescimento horizontal desordenado das zonas periféricas, que provoca desmatamentos em áreas que antes eram rurais.

Muitos dos efeitos desse fenômeno são sentidos no dia a dia, em menor ou maior grau, por aqueles que vivem nas grandes cidades, como o aumento da poluição atmosférica nos dias mais secos do ano, que resulta em doenças respiratórias, e as enchentes nos períodos de chuvas torrenciais, que causam prejuízos e mortes. Muitos que já ficaram ilhados ou viram seus bens esvaírem-se na correnteza de um rio nas cheias apontam como vilão dessa história um rio ou córrego, cuja presença é percebida somente em situações negativas como essa. Mas poucos, provavelmente, devem ter associado o problema à falta de áreas permeáveis, à canalização e retificação do rio e à ocupação humana em suas várzeas.

A ausência de áreas verdes gera não só a desregulação e a alteração do ciclo hidrológico natural, ela também piora a qualidade das águas pluviais que deságuam nos cursos de água, pois a vegetação, em especial a mata ciliar, age como componente filtrante da poluição difusa.

A perda da biodiversidade é outro fator que causa impacto direto na diminuição da resiliência das cidades, ou seja, na capacidade do ambiente de voltar ao equilíbrio anterior após um distúrbio de origem natural ou mesmo causado pelo homem, como as pragas que dizimam determinada espécie arbórea, a contaminação temporária por uma substância tóxica no solo, no ar ou em um rio, além das enchentes, erosões e mudanças do microclima urbano.

Não podemos nos esquecer também do impacto social e psicológico que vem ocorrendo na sociedade ao longo de décadas, quando se observa a diminuição gradativa do contato do homem urbano com as áreas verdes. Há numerosas pesquisas científicas e farta literatura que comprovam os benefícios mentais e de bem-estar proporcionados pela presença do verde no cotidiano das pessoas.

Diante disso, medidas para a criação de mais áreas verdes públicas, que supram as demandas e minimizem os problemas ambientais tornam-se extremamente necessárias para reverter esse quadro patológico. Contudo, a quantidade e a oferta de espaços livres permeáveis no tecido urbano são cada vez mais limitadas, e a terra, considerada um recurso escasso e caro, principalmente nas grandes cidades já consolidadas. Os poucos terrenos disponíveis são objetos de especulação e alvo de grandes investidores e incorporadores que vislumbram usos rentáveis e lucrativos, a curto e médio prazo, como condomínios residenciais e complexos comerciais (shopping centers) e de serviços. Então, onde encontrar terras para reflorestar, restaurar e construir novos jardins, praças, parques e áreas de preservação dentro da malha urbana?

Se, por um lado, admite-se que há um déficit de áreas verdes por habitante na maioria das grandes cidades brasileiras, por outro, observa-se um número crescente de áreas degradadas, sejam abandonadas ou ociosas, sejam subutilizadas ou residuais (fragmentos de terras que "sobraram"), e que, de alguma forma, encontram-se em estado de deterioração do ponto de vista ambiental, sociocultural e econômico. Trata-se de áreas disfuncionais, mas que, apesar disso, possuem grande potencial para serem reutilizadas e reintegradas à cidade. Segundo Vargas (2004), as áreas degradadas estão excluídas dos planos de desenvolvimento ou requalificação da cidade e esse estado de desinteresse leva à depreciação do valor dos imóveis e das propriedades do entorno. A falta de identidade da comunidade com o local contribui para o abandono e facilita a ocorrência de atividades ilícitas e da criminalidade.

As origens das áreas degradadas estão relacionadas as diversos fatores, desde o declínio da industrialização e o abandono de estruturas militares até as mudanças no uso e na ocupação do solo, seja em virtude da especulação imobiliária, seja por simples negligência do poder público (Herbst, 2001). Para muitas cidades de países em desenvolvimento, como o Brasil, o problema atual das áreas degradadas é acentuado por um quadro de fragilidade socioeconômica de forte especulação imobiliária, associado a uma atuação pouco efetiva do poder público no planejamento urbano e nas políticas fundiárias mais democráticas, o que merece maior atenção. Um exemplo disso é a região metropolitana de São Paulo, em especial o ABC.[1] Durante as décadas de 1960, 1970 e 1980, a região abrigou muitas indústrias de base e do ramo automobilístico. Porém, a partir da década de 1990, houve o desaquecimento da economia local, provocado, em grande parte, pela evasão dessas indústrias para o interior de São Paulo e para outras regiões do país. Esse acontecimento acabou por deixar cicatrizes profundas de degradação no tecido urbano, que se caracterizam pelo abandono e pela ociosidade de diversas estruturas locais, sem falar da contaminação do solo e dos cursos de água.

Diante da urgência, cada vez maior, da intervenção e revitalização dessas áreas, tanto em países desenvolvidos como nos emergentes, este livro propõe a recuperação das áreas degradadas e sua conversão em espaços livres verdes como estratégia de planejamento ambiental e aquisição de novas áreas verdes para transformar um problema em oportunidade.

Dentro do cenário das grandes cidades e metrópoles brasileiras, caracterizado, na maioria das vezes, por conflitos sociais e intensa marginalização da população mais desfavorecida, propostas de transformar áreas degradadas em novas áreas verdes apresentam-se como possibilidade ímpar para diminuir a criminalidade e as tensões sociais. Além disso, o papel social das áreas verdes pode ser extremamente valioso para a promoção de melhoria da qualidade de vida, o lazer, a recreação, a inclusão e a coesão social, tanto nas áreas centrais adensadas, ricas em infraestrutura, como na periferia pobre.

Não por acaso, o título do livro carrega a terminologia "áreas degradadas" como algo abrangente, sem dono nem particularidades ou identidade, e que se transforma em "espaços vegetados", porque o espaço tem uma função, um significado e algo com que contribuir para a construção

---

1   ABC é o grupo de cidades da região metropolitana de São Paulo, composto por Santo André, São Bernardo do Campo e São Caetano.

da paisagem, tendo a vegetação como um dos componentes principais. A ideia central que se deseja transmitir é a indicação de uma transição: de "áreas" que se reposicionam como "espaços", reinventado-se e gerando ressignificados.

O local escolhido como estudo de caso para a aplicação dessa proposta foi uma parte da cidade de São Bernardo do Campo, que se localiza na região metropolitana de São Paulo, a qual (inclusive) vem passando por um processo de desindustrialização. Nela, as diminutas áreas verdes urbanas acessíveis à comunidade tornam-se cada vez mais escassas, enquanto diversas áreas vazias e abandonadas, muitas em processo de regeneração natural, são alvo do mercado imobiliário para a construção de residências, serviços e comércio.

A partir dessa temática, uma série de questionamentos são lançados: entre um conjunto de áreas degradadas, quais teriam potencial para se converterem em áreas verdes? E quais seriam os critérios para avaliação desse potencial? O que define o sucesso de uma intervenção desse tipo? Qual seria o caráter vocacional dessas futuras áreas verdes: ambiental, social, ou ambos? Foram essas perguntas que nortearam o desenvolvimento da pesquisa realizada para a cidade de São Bernardo do Campo, tendo como objetivo principal a definição de parâmetros e critérios de análise e avaliação qualitativa do potencial de recuperação das áreas degradadas e a conversão em áreas verdes, o que poderia poderá ser estendido a outras realidades.

Como objetivos secundários e complementares, buscou-se:
- ▶ situar o panorama atual da recuperação e conversão de áreas degradadas em áreas verdes na cidade por meio da apresentação de planos e projetos recentes, de referência nacional e internacional, e experiências práticas aplicadas nas cidades nos últimos anos;
- ▶ identificar os benefícios e os desafios, e extrair os pontos positivos e os negativos da promoção de tal prática, a partir da reflexão e discussão dos exemplos estudados;
- ▶ relacionar a recuperação de áreas degradadas urbanas com os conceitos de infraestrutura verde, apresentando e analisando políticas e programas governamentais que a utilizam como estratégia de planejamento urbano ambiental para aquisição de novas áreas verdes em suas cidades.

A partir do estudo de planos e projetos relevantes, aplicações práticas de sucesso voltadas para a recuperação e conversão de áreas degradadas em áreas verdes, assim como pesquisas metodológicas, foi possível elencar um série de critérios e parâmetros fundamentais para o processo de avaliação.

Para complementar as análises necessárias, foram visitadas as cidades de Los Angeles (Estados Unidos), Toronto (Canadá) e Glasgow (Escócia), cujos planos e projetos de recuperação e de conversão de áreas degradadas em espaços vegetados destacam-se pela aplicação dos princípios da infraestrutura verde. Nas visitas técnicas, além das informações colhidas, foram realizadas entrevistas com técnicos e coordenadores dos projetos para enriquecer o trabalho e oferecer subsídio ao estudo de caso.

Foi necessário ainda fazer um diagnóstico e uma análise crítica do contexto sociocultural, econômico e ambiental do estudo de caso (São Bernardo do Campo) para definir os aspectos que seriam levados em consideração e como seriam avaliados.

Para a definição dos critérios e parâmetros de avaliação, adotou-se como premissa que o produto final da recuperação das áreas degradadas são espaços vegetados multifuncionais, que compõem uma infraestrutura verde urbana. Ou seja, eles devem cumprir funções de infraestrutura da cidade, respondendo a questões ecológicas, de drenagem das águas, de mobilidade, e a questões sociais relacionadas com o bem-estar da comunidade.

Diante da escassez de fontes de referência nacional, como literatura bibliográfica, pesquisas e iniciativas práticas, este livro, que está estruturado em cinco capítulos, pretende ser um material útil de consulta de diversas iniciativas recentes no mundo sobre a recuperação de áreas degradadas e a criação de mais áreas verdes, além de contribuir para a construção de embasamento técnico, que poderá auxiliar nas avaliações de áreas degradadas e futuras tomadas de decisões por planejadores, arquitetos urbanistas e paisagistas, gestores ambientais, biólogos, agrônomos, entre outros. Além disso, pretende estimular a reflexão sobre as possibilidades de aproveitamento das áreas degradadas no atual planejamento das paisagens urbanas brasileiras e sobre as funções das áreas verdes, como componentes multifuncionais de uma nova infraestrutura urbana.

O capítulo 1 trata da conceituação e da origem das áreas degradadas urbanas, abordando suas causas e consequências, assim como os desafios, benefícios e problemas relacionados à recuperação e ao redesenvolvimento dessas áreas por meio da proposição de novos usos, como residências, comércio e serviços e áreas verdes. Apresenta também o atual panorama, assim como os programas e políticas públicas empregadas em várias partes do mundo.

No capítulo 2, que dá continuidade ao tema, as áreas verdes são enfocadas como uso final da recuperação das áreas degradadas, que se transformam em parques, praças, jardins, reservas naturais e áreas protegidas. Apontam-se, especificamente, os benefícios e os desafios da implantação desses novos espaços e apresenta-se uma série de projetos e experiências práticas, nacionais e internacionais, organizados pelo tipo de uso anterior: áreas de mineração, aterros de resíduos, infraestrutura urbana desativada (linhas férreas, linhas de alta-tensão, viadutos), indústrias, entre outros, para exemplificar as possibilidades de atuação e ideias de revitalização.

No capítulo 3, explora-se o conceito de infraestrutura verde e como ele pode ser o princípio norteador do desenvolvimento de políticas públicas e projetos de revitalização de áreas degradadas, a partir de uma visão mais integrada, sistêmica e estratégica. Como referência, foram apresentados os planos e projetos da cidade de Los Angeles, Toronto e Glasgow.

No capítulo 4, discorre-se acerca da cidade de São Bernardo do Campo, com a apresentação de um breve diagnóstico socioeconômico e ambiental realizado com a ferramenta SWOT sobre a proposta de recuperação e conversão das áreas degradadas da cidade em espaços vegetados. O estudo de caso refere-se a um recorte da cidade e apresenta as justificativas que levaram a essa escolha. No final do capítulo, explica-se o processo metodológico de identificação e mapeamento das áreas degradadas.

No capítulo 5, expõem-se os critérios e parâmetros para a avaliação qualitativa do potencial das áreas degradadas para serem convertidas em áreas verdes. Organizados em três grupos – ecológico, hídrico e social –, os critérios foram aplicados em alguns exemplos de áreas degradadas de São Bernardo do Campo para mostrar o processo de interpretação, análise e avaliação. Duas das áreas degradadas avaliadas foram estudadas mais a fundo, em uma escala mais detalhada, indicando as possibilidades e as tipologias de uso das futuras áreas verdes, correlacionando-as e comparando-as com os exemplos apresentados no capítulo 2.

Nas "Considerações finais e desdobramentos", retomam-se os aspectos centrais da pesquisa e suas possíveis contribuições. Indicam-se futuros estudos e desdobramentos, dando continuidade e profundidade ao tema em busca da viabilidade do redesenvolvimento das áreas degradadas urbanas.

PANORAMA DAS ÁREAS DEGRADADAS URBANAS

AFINAL, O QUE É UMA ÁREA DEGRADADA?

O conceito de degradação é muito amplo e genérico, o que dá margem à subjetividade, de acordo com o contexto e o campo profissional. Dessa forma, a definição de áreas degradadas de um ambiente natural pode ser diferente do que se entende por áreas degradas de um ambiente urbano, assim como a degradação, do ponto de vista de um planejador urbano ou arquiteto, pode ser diferente da de um engenheiro ambiental ou de um biólogo.

No contexto do ambiente natural, o termo degradação está muito relacionado a perturbações e desequilíbrios de um ecossistema. Diversas fontes trazem definições convergentes, que se complementam ou reforçam a mesma ideia. Segundo o *Guia de recuperação de áreas degradadas* da Sabesp (2003), o termo degradação é definido como "as modificações impostas pela sociedade aos ecossistemas naturais, alterando as suas características físicas, químicas e biológicas, e comprometendo, assim, a qualidade de vida dos seres humanos". Segundo Willian, Bugin e Reis[1] (1990 *apud* Rondino, 2005) "a degradação de uma área

---

1 D. D. Willian; A. Bugin & J. L. B. Reis (orgs.), *Manual de recuperação de áreas degradadas pela mineração: técnicas de revegetação* (Brasília: Ibama, 1990).

ocorre quando a camada de vegetação nativa e a fauna forem destruídas, removidas ou expulsas; a camada fértil do solo for perdida, removida ou enterrada; e a qualidade e regime da vazão do sistema hídrico forem alterados". Por último, o *Manual de gerenciamento de áreas contaminadas* da Cetesb (2001) define, de forma bem simplificada, que as áreas degradadas são aquelas onde ocorrem processos de alteração das propriedades físicas e/ou químicas de um ou mais compartimentos do meio ambiente.

No contexto urbano, há poucas referências literárias sobre a definição do termo. Bitar (1997) defende a ideia de que nas cidades, onde há muitas variáveis socioeconômicas e ambientais, de interações complexas, a degradação "está geralmente associada à perda da função urbana do uso do solo [...]". Como o foco deste livro é o ambiente urbano, as áreas degradadas aqui abordadas são entendidas como espaços vazios, abandonados e subutilizados, que perderam sua função qualitativa do ponto de vista econômico, ambiental ou social. São locais desvalorizados e excluídos de investimentos em termos econômicos. Da perspectiva do aspecto social, são áreas mais vulneráveis às atividades ilícitas, o que favorece a violência e o crime, além da ocupação irregular. Geralmente, nesses espaços verifica-se a ausência de identidade da comunidade com o local. Por último, em termos ambientais, suas características físicas, químicas e os processos ecológicos podem estar comprometidos com a ausência da flora e da fauna local, da poluição em geral e da contaminação ou da erosão, lixiviação e assoreamento.

Carlos Leite (2012) define essas áreas ociosas e abandonadas como vazios urbanos ou "terrenos vagos". Eles adquirem um significado bem abrangente na dimensão urbana e "à conotação negativa impõe-se a esperança do potencial do presente: área sem limites claros, sem uso atual, vaga de difícil apreensão na percepção coletiva dos cidadãos, normalmente constituindo uma ruptura no tecido urbano [...]".

Na literatura, diversos autores (Starke,1999; Zucchi & Flisse,1993 *apud* Herbst, 2001; Pagano & Bowman, 2004) classificaram as áreas degradadas urbanas de acordo com suas origens e situação atual. As figuras a seguir ilustram os principais e mais comuns exemplos de áreas degradadas mencionadas anteriormente, tais como: locais abandonados, que abrigam antigas instalações industriais (Figura 1) e portuárias (Figura 2); bases militares, áreas de mineração e aterros sanitários desativados; áreas com trechos de infraestrutura desativada, como linhas ferroviárias, viadutos, ou subutilizada, como passagens de dutos ou linhas de alta-tensão (Figura 3 e Figura 4); áreas vazias e residuais, decorrentes de um processo de urbanização mal planejado ou mal gerido (Figura 5 e Figura 6); ou, ainda, áreas ambientalmente frágeis, vulneráveis e degradadas, como margens de córrego, nascentes, várzeas e encostas (Figura 7 e Figura 8).

De acordo com a Agência de Proteção Ambiental Americana (EPA), os locais cujas instalações industriais e comerciais estão abandonadas e apresentam problemas reais ou potenciais de contaminação são denominados *brownfields*.

No entanto, o conceito de degradação pode ser muito mais amplo do que o de *brownfields*. Alguns autores, como Herbst (2001), criticam o fato de o termo *brownfields,* utilizado pelos norte-americanos, ser limitante e excluir outros tipos de áreas que estão em estado de degradação, aos quais o termo não se aplica. O fato de não estar contaminada não necessariamente determina que uma área não seja alvo de degradação em termos sociais e/ou econômicos. No entanto, Evans (2004) comenta que o termo *brownfields* pode ter um significado distinto. No Reino Unido, por exemplo, esse termo é usado para designar locais previamente desenvolvidos para usos não rurais, já que *greenfields* são as áreas rurais ou naturais.

O termo *brownfields* já é bem conhecido em outros países, mas é empregado principalmente nos Estados Unidos. Segundo Sanchez (2004), na Grã-Bretanha o termo *derelict lands* é mais empregado do que *brownfields* e significa áreas ou terrenos remanescentes de atividades industriais encerradas, conceito que transmite a ideia de uma extensa área abandonada, sem necessariamente estar vinculado à questão da contaminação. Na França, a ideia de decadência em regiões com um passado industrial se traduz na definição de *friches industrialles* e na Espanha, *baldios industriales y urbanos* e *vaciado industrial*.

Vale lembrar ainda que *brownfields* e *derelict lands* (áreas abandonadas), terminologias muito citadas na literatura internacional (Pagano & Bowman, 2004; Scottish Vacant and Derelict Land Survey, 2008) são distintas do termo *vacant land* (áreas vazias). Os primeiros são locais que necessitam de remediação ou reabilitação, respectivamente, para serem reutilizados e, em geral, apresentam estruturas e ruínas das antigas atividades. Já as áreas vazias não necessitam de um tratamento mais cuidadoso, sendo viáveis para ocupação ou utilização. Porém, todas fazem parte do conceito de áreas degradadas.

Figura 1. Exemplo de área industrial desativada, antes da revitalização: Menomonee Valley, em Milwaukee. Foto: David Schalliol.

Figura 2. Exemplo de região portuária de Docklands, em Londres, antes da revitalização com instalações e edificações desativadas e abandonadas. Fonte: Jaime, Jenny McClain.

Figura 3. Exemplo de infraestrutura abandonada ou subutilizada: armazéns, trilhos e antigas casas de operários, em Bauru, no interior de São Paulo. Foto: Max Hendel.

Figura 4. Terreno subutilizado ao longo das linhas de alta-tensão, na cidade de São Paulo. Foto: Patrícia Sanches.

Figura 5 e Figura 6. Exemplos de áreas residuais urbanas: trechos de abandono ao longo da via arterial Radial Leste, na cidade de São Paulo. Fotos: Patrícia Sanches.

Figura 7. Exemplo de áreas ambientalmente degradadas: margens impermeabilizadas com supressão da mata ciliar, canalização e córrego poluído na cidade de São Paulo.
Foto: Patrícia Sanches.

Figura 8. Bacia de detenção (piscinão) degradada e subutilizada na cidade de São Paulo.
Foto: Patrícia Sanches.

É importante também distinguir as áreas degradadas, com caráter de abandono e subutilização, das áreas degradadas em virtude dos aglomerados urbanos irregulares, como as favelas. Estas últimas remontam ao problema do alto preço do solo urbano impulsionado pela mais livre ação do mercado imobiliário, que provoca a forte especulação da terra, sem nenhum controle ou diretriz do poder público. Em face da supervalorização dos terrenos urbanos mais centrais, a alternativa viável de moradia para a população pobre são áreas mais acessíveis economicamente, que se localizam na periferia, onde não há nenhuma infraestrutura. E assim estimulam-se o desmatamento e o crescimento horizontal da cidade ou a ocupação de terras públicas que devem ser preservadas permanentemente.[2] As áreas degradadas, foco deste trabalho, são aquelas que se estão vazias, abandonadas e subutilizadas, à espera de investimentos e redesenvolvimento. Como não estão ligadas a conflitos sociais, essas áreas apresentam um potencial de intervenção e transformação maior e mais imediato.

REMONTANDO ÀS ORIGENS DA DEGRADAÇÃO E CONHECENDO O PANORAMA BRASILEIRO

Aqui serão abordadas causas de origens distintas, considerando a diversidade de tipos de áreas degradadas estudadas. Contudo, pode-se dizer que a maioria está relacionada com os processos e modos da produção capitalista, as dinâmicas socioeconômicas da cidade, a ausência de planejamento ou a ineficiência da gestão urbana.

Nos países desenvolvidos, observa-se que há grande quantidade de áreas degradadas oriundas de antigas atividades industriais, galpões de armazenagem ou de infraestrutura de transporte (linhas ferroviárias), que agora se encontram abandonadas ou subutilizadas. Nesse caso, o aparecimento da degradação está atrelado à reestruturação produtiva, mais especificamente à desindustrialização. Esse processo também é muito comum nas metrópoles de países em desenvolvimento, apesar de terem passado por um processo de industrialização mais tardio.

Sanchez (2001) explica que o processo de globalização e o liberalismo alteraram radicalmente o mercado de produtos industriais, levando a

---

2 Segundo o Código Florestal Brasileiro (Lei nº 12.651, de 2012), as Áreas de Preservação Permanente (APP) são margens de cursos d'água, nascentes, lagos e reservatórios artificiais, encostas de acentuada declividade, topos de morro, veredas, manguezais, restingas, bordas dos tabuleiros ou chapadas e as áreas em altitude superior a 1.800 m.

um cenário de reorganização das empresas, que inclui sua modernização e realocação, ou a um cenário de obsolescência, seguido por sua desativação. Assim, identificam-se dois fenômenos inerentes ao processo de desindustrialização: a transferência, isto é, a realocação, já mencionada, e a desativação. Seja pela obsolescência, seja pela realocação, a questão principal é o destino de terrenos abandonados com antigas instalações industriais, que muitas vezes se encontram contaminados.

Outros fatores podem ser somados à razão do declínio e fechamento de setores industriais, principalmente nas áreas urbanas consolidadas. A legislação ambiental, cada vez mais rigorosa e restritiva quanto à emissão de dejetos, poluentes e ruído; os problemas de tráfego; a necessidade de espaço físico para expansão; o alto custo da terra urbana em regiões mais centralizadas; as taxas e os impostos altos; e a pressão popular contra a operação dessas atividades próximo a áreas residenciais são componentes importantes que também estimulam a saída das indústrias dos grandes centros urbanos (Sanchez, 2001).

A região metropolitana de São Paulo é um exemplo claro de que esses fatores foram determinantes para a desativação de várias indústrias das áreas centrais, localizadas em antigos bairros industriais, como Água Branca, Barra Funda, Brás, Mooca, ou para sua realocação nas periferias, em parques industriais situados nas cidades ao redor de São Paulo, como São Caetano, Santo André, São Bernardo, Suzano e Mauá, durante a primeira metade do século XX. Mais tarde, na década de 1990 e início do século XXI, o movimento era dirigido da região metropolitana rumo ao interior paulista (interiorização do crescimento econômico paulista) ou a outros estados do Brasil. Disso resultaram inúmeros terrenos abandonados com galpões e ruínas de edifícios, muitas vezes próximo a estradas ferroviárias obsoletas ou subutilizadas.

Outra situação comum nas áreas urbanas foi o surgimento de áreas degradadas por mineração. As minas, antes localizadas nas bordas da cidade ou nas zonas rurais, acabaram incorporadas ao tecido urbano em razão do crescimento horizontal da cidade. Além da exaustão econômica e física das reservas de minério e da tecnologia limitada, os aspectos ambientais e sociais relacionados à comunidade do entorno podem contribuir para a desativação da mina. "As pedreiras são casos típicos dessa situação, em que mesmo diante da existência de reservas economicamente lavráveis, muitas tiveram de encerrar suas atividades em virtude dos impactos ambientais serem julgados inaceitáveis" (Sanchez, 2001).

A origem dos aterros desativados, também considerados áreas degradadas, muitas vezes, está relacionada ao encerramento de uma atividade mineradora, na medida em que há a necessidade do preenchimento da cava, que resulta da atividade de extração.

Existem também as áreas residuais, ou seja, remanescentes de terra, áreas que aparentemente "sobraram" na malha urbana, que não foram ocupadas e se encontram abandonadas e em más condições. Segundo Leite (2012), essas áreas são resultantes de "um processo metropolitano de palimpsesto", no qual ocorrem sucessivas intervenções urbanas que se sobrepõem à anterior, sem lógica histórica. Marcado pela descontinuidade, esse processo gera uma rede desconexa de terrenos vagos. Muitos deles são propriedades públicas, remanescentes de grandes obras de infraestrutura, às quais, ao final da construção, não foi dado um destino adequado. Consequentemente, o que se vê são intervenções rodoviaristas mal planejadas cortadas por gigantescos sistemas de vias, caracterizando-as como "terras de ninguém". Muitos terrenos são tão irregulares e pequenos que seu aproveitamento parece ser difícil.

Pesquisas e levantamentos da quantidade de áreas degradadas urbanas, feitos por órgãos públicos, revelam números impressionantes. Em uma pesquisa sobre 70 cidades norte-americanas com mais de 50 mil habitantes, estimou-se que há, em média, um sexto (15,4%) de áreas degradadas, que variam de espaços abertos a locais abandonados e contaminados (Pagano & Bowman, 2004).

Na Grã-Bretanha, assim como em outras sociedades pós-industriais, um intenso processo de desindustrialização, intensificado pela crise econômica durante os anos 1980, levou ao surgimento de inúmeras áreas abandonadas (às vezes com alguma infraestrutura ou edifício ocioso). Um levantamento oficial, no fim da década de 1980, feito pelo Departamento de Meio Ambiente, cadastrou 37.150 ha de terrenos desocupados e 45.683 ha de terrenos abandonados, e um terço dessa última tipologia está relacionado com a desativação de indústrias e zonas portuárias. Além disso, mais da metade do total dessas áreas afetadas são decorrentes de atividades de mineração (Kivell, 1992 *apud* Sanchez, 2001).[3] Só na Inglaterra e no País de Gales, existem quase 10 mil minas de carvão abandonadas (NRA, 1994 *apud* Sanchez, 2001).[4]

---

3   P. T. Kivel, "Les friches et le déclin industriel dans les villes britanniques", em *Revue Belge de Geographie*, 116ème année (1-4), Bruxelas, Societe Royale Belge de Geographie, 1992, pp. 117-128.
4   National Rivers Authority (NRA), *Abandoned Mines and the Water Environment. Water Quality*, Series nº 14 (Londres: NRA, 1994).

Na Escócia, são realizados levantamentos anuais (Scottish Vacant and Derelict Land Survey, 2012) sobre a quantidade e caracterização das áreas abandonadas e vazias.[5] As estatísticas de 2012 registraram 4.014 áreas, totalizando 10.984 ha, o que equivale a 10.170 campos de futebol. Desse total, 55% são decorrentes de antigas atividades industriais, de armazenagem ou de mineração, 20% são antigas áreas militares e de defesa e 5% antigas estruturas de transporte e serviços de utilidades públicas, 7% abrigavam agricultura.

Glasgow, na Escócia, é a cidade que apresenta a porcentagem mais alta de áreas degradadas, chegando a quase 4% do seu território, e 41% dessas áreas se encontram nas regiões da cidade mais vulneráveis socialmente. Cerca de 60% da população (598.830 habitantes) vive a menos de 500 m de uma área degradada.

No âmbito brasileiro, próximo à cidade de São Paulo, na região da bacia do Guarapiranga, foram encontradas 112 minas abandonadas e inativas (IPT, 1996 *apud* Sanchez, 2001). Entretanto, as estatísticas e as pesquisas realizadas por órgãos públicos sobre a situação atual das áreas degradadas são escassas, sendo necessários maiores esforços e investimentos nessa direção, como um primeiro passo para o conhecimento real da situação.

A existência de áreas abandonadas urbanas apresenta inúmeros problemas, tais como depreciação econômica do imóvel e do entorno imediato, depreciação da paisagem, maior facilidade para ocupação e atividades ilegais, desarticulação e fragmentação do tecido urbano (dependendo do tamanho da área), além da possibilidade de riscos ambientais para a comunidade, em virtude da contaminação do solo e da água. Por causa da supressão da vegetação e da impermeabilização do solo, essas áreas contribuem para o desequilíbrio ambiental na cidade, o que resulta no agravamento das enchentes, da poluição das águas e dos deslizamentos de encostas (Günther, 2006; Sanchez, 2001).

Sanchez (2001) aponta a urgência de se tomarem medidas preventivas, no longo prazo, para o enfrentamento desse problema, principalmente no que se refere a áreas degradadas decorrentes de instalações construídas pelo homem, tais como antigas instalações industriais, minas, infraestrutura de transportes e barragem e usinas hidrelétricas desativadas:

---

5   A pesquisa define áreas abandonadas (*derelict land*) como as que foram danificadas por usos anteriores e que necessitam ser reabilitadas ou remediadas para receber um novo uso. Já as áreas vazias (*vacant land*) são as que, embora não estejam sendo utilizadas, não necessitam ser reabilitadas para se estabelecer um novo uso.

Seja devido à marcha da História, à política econômica de um país ou por prosaicas razões de má gestão empresarial, o fato é que investimentos industriais deixam de ser rentáveis, empresas perdem a competitividade, produtos perdem mercado, minas fecham, caminhões e automóveis substituem os trens, um porto torna-se pequeno demais para novos navios e as barragens tornam-se obsoletas. O que fazer com essas obras e instalações [..]? [...] Virar as costas e ir embora já não é possível, o abandono é ambientalmente perigoso, socialmente injusto, e, economicamente, pode representar um desperdício de recursos. [...] para não degradar, não se pode desfazer, desmanchar, desmontar, demolir de forma aleatória. [...] É preciso desativar de forma ordenada, metódica, cuidadosa.

DESCORTINANDO SOLUÇÕES

Nas últimas décadas, autoridades do mundo todo reconhecem a urgência de buscar soluções para as áreas degradadas e descobrem o grande potencial de reutilização da maioria desses sítios urbanos, uma vez que muitos estão localizados em regiões centrais, ricas em infraestrutura.

A revitalização de uma área degradada pode ser, muitas vezes, um indutor do fomento de um planejamento mais sustentável para as cidades (Sousa, 2003) e, principalmente, de atração de novos empregos e novos negócios no entorno, além de aumentar a arrecadação de impostos pela prefeitura e melhorar a qualidade ambiental do local (Günther, 2006; Sanchez, 2001).

A prática da requalificação e reutilização desses espaços está principalmente voltada para a implantação de estabelecimentos comerciais, residenciais e de serviços, em razão da alta demanda de terrenos para esse tipo de uso e também porque eles são vistos como os mais lucrativos, tanto na esfera pública como na esfera privada. Um exemplo disso é a pesquisa realizada pelo departamento de planejamento escocês, mencionada anteriormente, sobre as áreas vazias e abandonadas (Scottish Vacant and Derelict Land Survey). O estudo revelou que, do total de áreas degradadas recuperadas e revitalizadas no país até 2012, 45% transformaram-se em empreendimentos residenciais, 14% foram destinadas a novas indústrias e 12% a áreas de conservação ambiental, lazer e recreação (Scottish Vacant and Derelict Land Survey, 2012).

No âmbito brasileiro, o levantamento de Silva (2002) sobre o tipo de imóveis que se localizam ao longo dos eixos ferroviários de São Paulo (em antigas áreas de industrialização) identificou que 54% não apresentavam mais o mesmo uso, sendo 21,3% destinados a uso comercial, institucional, residencial e de serviços, e 13,6% a outro tipo de uso industrial. Porém, quase 14% ainda se encontravam desativadas e vazias. Ou seja, apesar das vantagens de empreendimentos nessas áreas, ainda há muita dificuldade e resistência.

Em geral, os obstáculos estão relacionados aos passivos ambientais que implicam um alto custo de descontaminação ou demolição de edificações existentes, o que pode acarretar um custo superior ao próprio valor da terra – somados à burocratização dos trâmites de licenciamento ambiental. Outro fator é a ausência de demanda do mercado interno para o redesenvolvimento da região, ou seja, não se trata de um local atraente para os investidores. A dificuldade de aquisição de novas áreas de propriedade privada é também considerada um entrave, pois nem sempre uma região degradada pertence a um único proprietário. Além disso, pode haver divergência de interesses sobre o destino dela. A incerteza da continuidade de projetos públicos, nas transições de governo, também dificulta a concretização dos projetos e reduz a confiança dos investidores. Por fim, pode-se considerar fazer um levantamento dos atrasos nos projetos e na execução por falta de recursos financeiros públicos e das ofertas em outros locais para implantação de novos empreendimentos, que podem ser menos onerosos e não apresentam risco de contaminação (Sousa, 2000; Herbst, 2001; Whitbread, Mayne & Wickens, 1991 *apud* Herbst, 2001).[6]

Nos países em desenvolvimento e subdesenvolvidos, os problemas socioeconômicos urbanos, atrelados à falta de recursos e incentivos na recuperação e revitalização dessas áreas, contribuem para uma situação de degradação ainda mais latente. Enquanto se observam iniciativas tímidas no Brasil com relação à recuperação e requalificação de áreas degradadas, no exterior isso já é uma realidade graças a inúmeras pesquisas, políticas públicas e a um mercado mais receptivo. Muitos esforços têm sido feitos, principalmente pelo poder público em vários países (Alemanha, Canadá, Estados Unidos, Inglaterra), tais como financiamentos de diversos programas que pretendem diminuir os custos e os riscos associados às áreas degradadas (Sousa, 2003), tornando-as mais atrativas.

---

6   Whitbread, Mayne & Wickens, *Tackling Vacant Land*. Inner Cities Research Programme. Arup Economic Consultants. HMSO (Blue Ridge Summit: Bernan Press, 1991).

Observa-se um incentivo mais forte à recuperação de locais que abrigaram instalações industriais, portos ou áreas de mineração, por causa do grande número de problemas de contaminação e do risco à saúde das comunidades que vivem no entorno. Evans (2004) afirma que os países desenvolvidos já se tornaram pelo menos conscientes de que há uma quantidade limitada de terra e que ela deve ser conservada como um recurso escasso. E complementa: "Simplesmente abandonar um local não mais parece ser aceito".

Nos Estados Unidos, no Canadá e na Europa, a criação de agências públicas, instituições mistas e parcerias público-privadas viabilizaram o estabelecimento de políticas, programas e ações para lidar com o problema das áreas degradadas, principalmente, as contaminadas.

Ramalho Vasques (2006) comenta que nos Estados Unidos a agência mais engajada em programas de redesenvolvimento de *brownfields* é a Agência de Proteção Ambiental Americana (Environmental Protection Agency – EPA), que possui programas de incentivo e financiamento para todo o país em áreas contaminadas ou potencialmente contaminadas. A autora ressalta que, além da EPA, há nesse país várias iniciativas com o objetivo de estudar e redesenvolver *brownfields*, como: Robin (Regional Online Brownfields Information), The Brownfields Non-profits Network, Brownfields Land Recycling Program, International Brownfields Exchange (IBE), Brownfields for Global Learners, University of Pittisburg Brownfields Land Recycling Program, entre outras.

Na Europa, existem organizações como a Concerted Action for Brownfield and Economics Regeneration Network (Cabernert),[7] rede multidisciplinar que busca soluções práticas para *brownfields* urbanos; a Contaminated Land Rehabilitation Network for Environmental Technologies (Clarinet); a Regeneration of European Sites in Cities and Urban Environmental (Rescue); a Network for Industrially Contaminated Land in Europe (Nicole) e a National Brownfields Sites Project (NBSP).

Apesar das políticas públicas e dos órgãos específicos, essas questões só se consolidaram e amadureceram nas últimas décadas (anos de 1990 e início dos anos 2000). A revitalização e o redesenvolvimento de áreas degradadas começou, no entanto, no fim da década de 1970 e início da década de 1980. Uma das iniciativas pioneiras de recuperação de *brownfield*, regeneração urbana e reestruturação produtiva foi a da Atelier Angus, em

---

7   Coordenada pela Universidade de Nottingham, em associação com a Agência Ambiental Alemã (Umwelbundesamt – UBA). Disponível em http:// www.cabernet.org.uk.

Figura 9. Atelier Angus, em Montreal, uma das primeiras iniciativas de recuperação e revitalização de uma área abandonada por meio da construção de um empreendimento residencial. Foto: Kátia Osso.

Figura 10. Atelier Angus, em Montreal. Algumas instalações e construções do antigo pátio ferroviário foram mantidas em meio ao bairro residencial. Foto: Kátia Osso.

Montreal, no Canadá (Figuras 9 e 10). A área abrange 93 ha de um antigo pátio ferroviário desativado, propriedade da Canadian Pacific Railway, que contempla a remediação de 50 ha de solo. A primeira fase ocorreu entre 1978 e 1994, e a segunda entre 1998 e 2006. A intervenção compreende a criação de um novo bairro de uso misto, com comércio, escritórios e indústrias limpas e 1,2 mil unidades habitacionais (sendo 40% de interesse social), trazendo de volta, ao centro da cidade, a população que morava nos subúrbios. O custo de US$ 11,5 milhões para remediação do solo foi compensado largamente pela valorização econômica da terra (Leite, 2012).

Já no território europeu, uma das iniciativas pioneiras de sucesso foi a regeneração da zona industrial e portuária de Londres conhecida como Docklands. Logo após a desativação do porto, em meados de 1970, já se iniciavam os primeiros planos e projetos urbanos de reestruturação da área. Porém, só no fim da década de 1980 e início de 1990 esses planos começaram a se concretizar. Um dos símbolos dessa renovação foi o bairro de uso misto Canary Wharf, que hoje é o segundo principal centro empresarial e de negócios de Londres. Novos projetos, mais recentes, e de grande porte, surgiram em outras áreas vazias de Docklands, como a região de Greenwich (190 ha), que conta com os projetos O2, antigo Millenium Dome (Figura 11), já concluído, Greenwich Millenium Village e

Figura 11. Empreendimentos residenciais O2 (antigo Millenium Dome), em Greenwich. Essa área pertence à região portuária de Londres (London Docklands), cujo processo de revitalização e redesenvolvimento teve início na década de 1990. Foto: Anna Christina Miana.

Greenwich Peninsula, ambos em andamento, com previsão de conclusão em 2015. O interessante nessa intervenção foi que, antes que a ocupação se consolidasse, a questão da mobilidade e da oferta de espaços públicos foi bem resolvida, implantando-se, já na primeira fase, a nova estação de metrô, 20 ha de parques e praças, pistas de caminhadas e ciclovias (Miana, 2010; Rogers,1997).

Nos Estados Unidos, vale a pena destacar o projeto San Francisco Mission Bay, criado a partir da revitalização da antiga zona portuária da cidade, que havia se tornado um grande vazio urbano. Trata-se de uma intervenção mais recente, porém, não menos importante, que se baseia na estratégia de inovação urbana e *cluster*[8] de biotecnologia – construção do *campus* científico da Universidade da Califórnia e de empresas de biotecnologia – como elemento indutor, estimulando a ocupação e reestruturação produtiva desse vazio urbano de 122 ha. Também teve como diretrizes os princípios de sustentabilidade urbana, com alta densidade e diversidade de uso (uso misto). O projeto foi iniciado na década de 1980, quando a proprietária da antiga zona portuária Santa Fe Pacific Realty Corporation aceitou a possibilidade da participação da comunidade local na elaboração de um projeto urbanístico para a região, que só foi concluído, finalmente, em 1998. As obras tiveram início em 2003 e ainda não foram totalmente concluídas. No entanto, em 2010, já haviam sido construídas 3 mil moradias (sendo 600 de interesse social), com comércio e serviços funcionando próximo ao rio Mission Creek. A preocupação com mobilidade, integração e articulação com o restante do tecido urbano também foi outra prioridade. Sob a responsabilidade e investimento do poder público, foram implantadas novas linhas de ônibus, uma nova estação de trem e a extensão da linha do metrô de superfície, que conectou a região com o distrito financeiro da cidade (Leite, 2012).

Apesar dos três exemplos de regeneração urbana mencionados se tornarem casos de sucesso e referências de reutilização de área degradadas de forma eficiente, inteligente e compensadora economicamente, eles são alvo de críticas, tendo gerado polêmicas em meio à opinião pública. Se, por um lado, reintegram áreas abandonadas e desarticuladas do tecido urbano, trazendo vida, por outro lado, um de seus pontos crí-

---

[8] Segundo Leite (2012) *cluster* é um arranjo produtivo local com a concentração espacial de empresas e instituições – universidades, associações, centros de treinamento que promovem educação, informação, pesquisa e suporte técnico – interconectadas em torno de determinado setor. Alguns *clusters* recebem apoio governamental, com incentivos e programas oriundos de políticas públicas. Eles têm um grande potencial como estratégia para a reestruturação de antigas áreas industriais degradadas, tornando-se, dessa forma, importantes instrumentos nos processos de regeneração urbana.

Figura 12. Empreendimento de residências e de escritórios em Mission Bay, em São Francisco. Foto: Evleen.

ticos é a supervalorização dos novos imóveis, que resulta em preços de venda e aluguel muito altos para grande parte da população, mesmo que esteja prevista uma porcentagem de habitação de interesse social.

No âmbito nacional, um dos projetos cuja escala e importância vem gerando grande repercussão, e por isso vale ser mencionado aqui, é o de revitalização e requalificação do Porto Maravilha, na cidade do Rio de Janeiro. A intervenção, que teve início em 2010, faz parte do rol de estratégias e ações urbanísticas para "alavancar o Rio de Janeiro mundialmente como capital do esporte e turismo" (Louback, 2012). Situada na zona portuária da cidade do Rio de Janeiro, que hoje é subutilizada, e tem diversos imóveis abandonados, devido à obsolescência das estruturas existentes, constituindo um conjunto de vazios urbanos. O objetivo do projeto é a reurbanização, modernização e revitalização da infraestrutura, restauração e construção de novos equipamentos culturais até 2016, quando a cidade sediará os Jogos Olímpicos mundiais. A intenção é que a área seja mais um dos cartões de visita da cidade, principalmente para turistas que chegam pelo cais, além de ser uma referência de planejamento urbano e atração de novos investimentos imobiliários de uso misto – como escritórios, comércio, residências – e no campo do entretenimento, lazer e turismo. Trata-se de uma Operação Urbana Consorciada (Lei nº 101 de 2009),[9] cujo valor da venda dos

---

9   Previsto pelo Estatuto da Cidade (Lei nº 10.257 de 2001), o artigo 32, parágrafo único, da lei define a Operação Urbana Consorciada como "o conjunto de intervenções e medidas coordenadas pelo poder público municipal, com a participação dos proprietários, moradores, usuários permanentes e investidores

Cepacs[10] será utilizado como investimento para a reformulação e a modernização da infraestrutura. Entre as diretrizes estão: mobilidade urbana com priorização do pedestre, valorização do patrimônio histórico e cultural, eficiência energética aliada à alta tecnologia, geração de energia limpa, reaproveitamento e uso racional de água e inclusão e integração do espaço urbano. As obras já estão em andamento. A fase 1, que compreende a implantação de nova infraestrutura de algumas avenidas principais, já foi concluída; a conclusão da fase 2, que contempla as obras de maior porte de intervenção e impacto visual, está prevista para o final de 2015 e início de 2016. Embora não seja o escopo estender-se nesse projeto, é importante não deixar de mencionar que, por mais que essa iniciativa seja muito esperada e necessária ao desenvolvimento sustentável da cidade do Rio de Janeiro, e que a intenção do poder público seja muito louvável, houve, e ainda há, inúmeras críticas aos programas de uso e à maneira como as ações estão sendo conduzidas, principalmente quando se trata da inserção e inclusão social dos moradores locais e do poder concedido às empresas privadas no gerenciamento das obras e futura gestão dos serviços públicos da região.

De forma geral, as pesquisas e estudos de redesenvolvimento de áreas degradadas no Brasil são pouquíssimo explorados. As experiências práticas são muito tímidas e pontuais, abrangendo, com poucas exceções, áreas muito restritas e limitadas se comparadas ao potencial que existe nas grandes e médias cidades brasileiras. O estado de São Paulo é a região mais atuante em termos de pesquisas, porém, o foco maior está voltado para os problemas de contaminação, destacando o programa de cooperação técnica entre a Cetesb e a GTZ,[11] que resultou na capacitação técnica da equipe da Cetesb e na criação do *Manual de gerenciamento de áreas contaminadas*.[12] A preocupação se deve ao risco inerente que essas áreas apresentam em relação à saúde da população ou ao meio ambiente. São raros os estudos e as políticas públicas que tratam da problemática das áreas degradadas em sentido amplo, abrangendo diversos

---

privados, com o objetivo de alcançar em uma área transformações urbanísticas estruturais, melhorias sociais e a valorização ambiental".

10 Cepac significa Certificado de Potencial Adicional Construtivo e está previsto no Estatuto da Cidade. Trata-se de títulos de valor imobiliário emitidos ("vendidos") pela prefeitura para o investidor imobiliário com a finalidade de que este possa construir legalmente acima dos parâmetros urbanísticos previstos dentro do perímetro de uma Operação Urbana Consorciada. Os recursos financeiros arrecadados com a venda dos Cepacs são utilizados exclusivamente na intervenção da mesma operação urbana, como melhoria da infraestrutura. Ou seja, estabelece-se, assim, um consórcio entre o poder público e as empresas privadas.

11 Gesellschaft für Technische Zusammenarbeit (GTZ) é uma entidade do governo alemão voltada para a cooperação técnica para o desenvolvimento.

12 Cetesb, *Manual de gerenciamento de áreas contaminadas* (2ª ed. São Paulo: Cetesb/GTZ, 2001).

tipos de degradação, de forma sistêmica, com um plano estratégico para toda a cidade, o que deveria ser contemplado pelos planos diretores dos municípios. Mais raro ainda é verificar o redesenvolvimento dessas áreas para a criação de espaços vegetados, tendo como destino final o lazer, a recreação ou a proteção ambiental, pois há pouco conhecimento e estudos que comprovem os reais benefícios dessa ação. Assim, no próximo capítulo, vamos nos aprofundar nessa temática, abordando pesquisas e experiências práticas de redesenvolvimento de áreas degradadas com a finalidade de criar outras áreas verdes.

CONVERSÃO DE ÁREAS DEGRADADAS EM ÁREAS VERDES

ÁREAS VERDES URBANAS: RECONHECENDO SEUS BENEFÍCIOS

O redesenvolvimento das áreas degradadas está principalmente voltado para a revitalização e a reabilitação destinada a novos usos, como residencial, comercial e de serviços. No entanto, a reutilização do local como área verde voltada para lazer, recreação, proteção e conservação ambiental não é muito explorada, pois há pouco conhecimento e entendimento do alto potencial que as áreas degradadas possuem em termos ecológicos, sociais e econômicos (Sousa, 2004; 2006). Faltam pesquisas que forneçam embasamento sobre os reais benefícios dessas ações e que as desvincule de ideias inadequadas e equivocadas.

No entanto, antes de iniciar esse assunto, é necessário conceituar aqui o termo "áreas verdes urbanas". Na literatura, existem diversas definições e, segundo Scifoni (1994), a ausência de conceituação rígida e a consequente diversidade de significados atribuídos contribui, muitas vezes, para a manipulação e distorção de dados.

A terminologia área verde urbana, aqui adotada, segue a definição defendida por Lima *et al.* (1990), Groening (1976, *apud* Cavalheiro, 1992),[1] Richter (1981 *apud* Cavalheiro *et al.* 1999)[2] e Cavalheiro *et al.* (1999), segundo a qual as áreas verdes urbanas devem ter essencialmente um caráter público e desempenhar funções ecológicas, ambientais e de lazer. Ou seja, são praças, jardins públicos, parques e parques lineares. Não englobam, portanto, outras áreas verdes que não tenham funções ecológicas ou infraestrutura para que a população possa usufruí-las, como os canteiros viários, as rotatórias, as áreas vegetadas em propriedade privada ou os fragmentos de mata não acessíveis à comunidade.

A ausência de tais áreas é um problema comum na maioria dos aglomerados urbanos, principalmente naqueles que sofrem uma urbanização intensa e sem nenhum planejamento voltado para as preocupações ambientais. Uma das causas desse problema decorre do aumento da impermeabilização dos espaços livres nas áreas centrais da cidade e do desmatamento das zonas periféricas, que resultam do crescimento e expansão horizontal da mancha urbana.

A cidade de São Paulo, como exemplo típico, perdeu sua cobertura vegetal de forma intensiva nos distritos periféricos, muitos dos quais apresentavam uma paisagem rural no início da década de 1990. Entre 1991 e 2000, a soma da área desmatada em dez distritos periféricos era da ordem de 56%,[3] o que está representado por manchas amarelas na Figura 13. Esses distritos, não por acaso, apresentam as maiores taxas de crescimento populacional.

Em escala regional, a ausência de áreas verdes pode causar desequilíbrios nos ciclos e processos naturais, resultando em mudanças na temperatura e alteração no regime de chuvas (períodos prolongados de seca ou chuvas intensas). Já na escala urbana, a supressão das áreas verdes urbanas não só afeta a qualidade de vida da população, mas também contribui para a ocorrência de inundações, o aquecimento do microclima urbano, a intensificação do efeito estufa e a erosão de encostas, o que põe em risco a vida dos habitantes desses locais.

Um dos aspectos positivos dos espaços vegetados são os serviços ambientais prestados à cidade, tais como estabilização de encostas, con-

---

1   G. Groening, "Zur problemorientierten Sortierung von Freiraumen", em *Gartenamt*, 24 (10), 1976, pp. 601-607.
2   G. Richer, *Handbuch Stadtgruen. Landschaftsarchitektur im stadtischen Freiraum* (Munique: BVL, 1981).
3   Patrícia Marra Sepe & Harmi Takiya (orgs.), *Atlas ambiental do município de São Paulo* (São Paulo: Secretaria Municipal do Verde e Meio Ambiente, 2004).

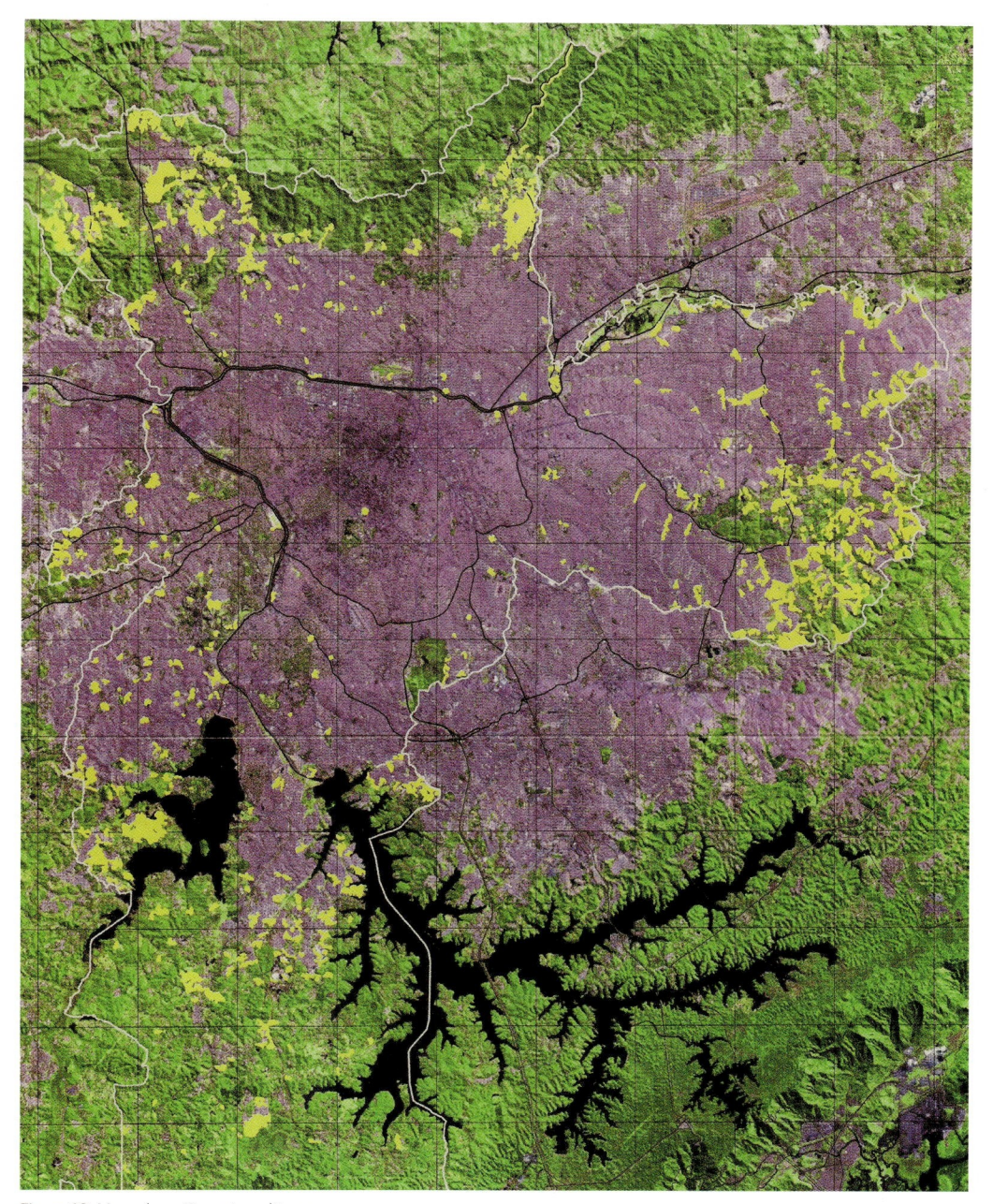

CONVERSÃO DE ÁREAS DEGRADADAS EM ÁREAS VERDES 47

Figura 13. Mapa da região metropolitana de São Paulo; as manchas, em amarelo, de desmatamento (1991-2000).
Fonte: São Paulo (Cidade), 2004.

trole das enchentes, recarga de aquíferos, diminuição da poluição do ar e das águas, melhoria do microclima. Em termos ecológicos, a vegetação nativa pode promover a manutenção ou o aumento da biodiversidade e a diminuição de riscos de espécies em extinção (Lerner, 1999). Henke-Oliveira (2001) apresenta grande parte dos serviços ambientais organizados no Quadro 1 com suas implicações ecológicas e sociais.

Quadro 1. Serviços ambientais das áreas verdes

Funções	Implicações ecológicas	Implicações sociais
Interceptação, absorção e reflexão de radiação luminosa. Fotossíntese, produção primária líquida. Fluxo de energia.	Manutenção do equilíbrio dos ciclos biogeoquímicos. Manutenção das altas taxas de evapotranspiração. Manutenção do microclima. Manutenção da fauna.	Conforto térmico. Conforto lumínico. Conforto sonoro. Manutenção da biomassa com possibilidade de integração da comunidade local.
Biofiltração	Eliminação de materiais tóxicos particulados e gasosos e sua incorporação nos ciclos biogeoquímicos.	Melhoria na qualidade do ar e da água de escoamento superficial.
Contenção do processo erosivo.	Economia de nutrientes e solos. Favorecimento do processo sucessional.	Prevenção de deslizamentos, voçorocas, ravinamento e perda de solos. Preservação dos recursos hídricos para abastecimento e recreação.
Infiltração de água pluvial.	Redução do escoamento superficial. Recarga de aquífero. Diminuição na amplitude das hidrógrafas.	Prevenção de inundações.
Movimentos de massas de ar.	Manutenção do clima.	Conforto térmico e difusão de gases tóxicos e material particulado do ar.
Fluxo de organismos entre fragmentos rurais e o meio urbano.	Manutenção da diversidade genética.	Aumento na riqueza da flora e da fauna. Realce na biofilia.
Atenuação sonora.	Aspectos etológicos da fauna.	Conforto acústico.

Fonte: Henke-Oliveira (2001).

A literatura acerca desses benefícios das áreas verdes é extremamente vasta e confirma fatos cada vez mais evidentes, tanto no âmbito socioeconômico como no ambiental. Pequenas áreas verdes distribuídas de modo homogêneo, sobretudo em ambientes densamente urbanizados, podem trazer resultados muito positivos para a cidade, principalmente microclimáticos e de conforto ambiental (Shinzato, 2009). Os estudos existentes são tão ricos e abrangentes que poderiam ser discutidos em um capítulo específico sobre o tema. Mas, como esse não é o escopo do trabalho, vamos nos restringir aqui apenas a mencionar brevemente o assunto.

Pesquisas evidenciam que a população urbana necessita de contato com a natureza e alguns chegam a ser matemáticos em suas argumentações, como Johnston[4] (*apud* Herbst, 2001), segundo o qual as áreas verdes devem estar a uma distância de 5 a 10 minutos de casa, andando a pé. Chaddad (2000), em seus estudos, vê uma clara correlação entre a quantidade de áreas vegetadas de uma cidade e a qualidade de vida oferecida a seus habitantes, como a promoção de bem-estar, de práticas esportivas, de maior socialização e estímulo à identidade da comunidade com o local, exercendo assim um papel de agente catalisador e motivador de coesão e inclusão social. Mais do que nunca, hoje elas compõem o rol de indicadores e parâmetros de avaliação da qualidade de vida de uma cidade.

As áreas verdes também podem valorizar economicamente imóveis situados próximo a elas, aumentando o valor de venda ou atraindo novos investimentos, que se utilizam dos espaços verdes como estratégia de *marketing*. Crompton (1997) comprovou que proprietários de pequenas empresas classificaram parques e áreas livres como um dos critérios mais importantes na seleção de locais para investimento de negócios. Um estudo do International Economic Development Council (IEDC) (2001), em Salem, Oregon, descobriu que terrenos adjacentes a cinturões verdes valiam US$ 1,2 mil a mais por acre do que terrenos que estavam a mais de 300 m de distância.

A criação de novos parques e espaços livres vegetados também pode estimular direta e indiretamente novos negócios voltados para o lazer e atividades afins, como o comércio de alimentos, aluguel de bicicletas, a venda de equipamentos de lazer e esporte, entre outros, promovendo o aumento de empregos locais e da arrecadação de impostos (NY/NJ Baykeeper, 2006; Lener, 1999). Isso sem contar os ganhos indiretos na redução dos gastos com saúde física e mental da população ou obras onerosas de mitigação do impacto ambiental, como reservatórios de retenção das águas pluviais (piscinões) (Harnik & Welle, 2003).

---

4   J. Johnston, "Nature Areas for City People", em *Ecology Handbook*, nº 14 (Londres: London Ecology Unit., 1990).

A TRANSFORMAÇÃO EM NOVOS ESPAÇOS VERDES: BENEFÍCIOS, BARREIRAS E DESAFIOS

Quando a aquisição de novas áreas verdes urbanas é resultante da recuperação de áreas degradadas, os benefícios multiplicam-se. Tais espaços, antes relegados, quando convertidos em espaços livres públicos, como praças e parques, tornam-se catalisadores de novos investimentos residenciais, comerciais ou de escritórios, ou são criados com a intenção de fixar e manter negócios ou moradores locais, o que estimula a revitalização e a renovação de edifícios e comunidades do entorno. Um exemplo desse tipo de ação é o parque East Boston Greenway, na cidade de Boston (Estados Unidos). A área que antes abrigava a antiga linha ferroviária foi revitalizada e transformada em um parque linear, estimulando a participação da comunidade. O parque possibilitou a conexão da orla histórica de Boston, que estava abandonada, com o Pier Park, um estádio e duas áreas naturais: Wood Island Bay Marsh e Belle Isle Marsh.

A criação de parques em áreas degradadas, aliada a um programa de policiamento efetivo, pode auxiliar no combate ao crime, como é o caso de Went Field, um parque de uso intenso, em Bridgeport, Connecticut (Estados Unidos), que passou por um redesenvolvimento e expansão em uma área previamente contaminada, que, posteriormente, foi recuperada e remediada. Com as ações no parque, o trabalho do departamento de polícia local e o apoio da população, o tráfico de drogas foi erradicado (IEDC, 2001).

Uma pesquisa em Toronto, no Canadá (Sousa, 2003), apontou os benefícios da conversão de áreas degradadas em áreas verdes, segundo a percepção de doze representantes de instituições envolvidas na implementação de projetos com essa finalidade.[5] Os resultados apresentados no Quadro 2 indicam que nove entrevistados consideram que o principal benefício é a criação e expansão de hábitats ecológicos; sete representantes acreditam que é o engajamento comunitário; e seis acham que é o aumento das áreas de recreação e a oportunidade de promover educação ambiental para os cidadãos. Outros benefícios mencionados, porém menos listados, são: controle das enchentes, restauração do solo e aquíferos, atrativo a investimentos econômicos, melhoria da paisagem da vizinhança, fortalecimento do senso coletivo, testes de tecnologias de remediação, preservação de prédios históricos significativos e de paisagens.

---

5   Esta pesquisa envolveu cinco representantes da prefeitura de Toronto, três do órgão Toronto and Regional Conservation Authority e quatro da iniciativa privada e de organização sem fins lucrativos. Fonte: adaptado de Sousa (2003).

Quadro 2. Benefícios da conversão de áreas degradadas em áreas verdes

Benefícios-chave do projeto	Frequência
Criação e expansão dos hábitats ecológicos	9
Colaboração e envolvimento público e da comunidade	7
Aumento das áreas públicas para uso e recreação	6
Os projetos podem ser usados como modelos para o redesenvolvimento de futuros brownfields	6
Educação	6
Controle das enchentes	3
Renovação ambiental (solo e qualidade das águas subterrâneas)	3
Estímulo econômico	3
Melhoria estética da vizinhança	2
Identificação dos pilares do senso de comunidade nas áreas urbanas	2
Teste e promoção de tecnologias de remediação	2
Preservação de locais históricos significativos	2

Quando se trata de áreas degradadas por contaminação, o papel da vegetação vai além dos serviços ambientais citados anteriormente. Esses locais podem ser beneficiados com a utilização de fitorremediação, ou seja, tirando-se proveito dos benefícios de diversas espécies vegetais para melhorar as características físicas e químicas do local, descontaminando os solos e as águas.

A Agência de Meio Ambiente dos Estados Unidos (EPA) define fitorremediação como "o uso de vegetais, e dos microorganismos a eles associados, como instrumento para contenção, isolamento, remoção ou redução das concentrações de contaminantes em meio sólido, liquido e gasoso", processo em que estão envolvidos mecanismos de biodegradação, imobilização, fotodegradação e quimiodegradação (Andrade, 2007).

Essa técnica é indicada como solução viável e econômica, a longo prazo, para a recuperação e remediação de áreas degradadas por contaminação com baixos níveis de poluente orgânicos, metais e fertilizantes. A fitorremediação apresenta muitas vantagens e benefícios, pois se utiliza da energia solar, uma matriz energética limpa e renovável, e melhora visualmente a paisagem. Consequentemente, ela é bem aceita pela comunidade, além de ter um custo muito reduzido, quando comparada à aplicação de outras técnicas de remediação (Andrade, 2007; Morinaga, 2007).

Do ponto de vista ecológico, a fitorremediação melhora a qualidade do solo com o aumento da porosidade, permitindo a infiltração da água e a entrada de nutrientes. Além disso, o crescimento de plantas que toleram contaminantes cria uma condição favorável para o desenvolvimento posterior de outras plantas que são menos tolerantes às substancias tóxicas (Andrade, 2007).

A inovação de unir os preceitos da arquitetura paisagística à técnica de fitorremediação em áreas degradadas ainda é pouco explorada. Nesse campo, destaca-se a atuação de Steve Luftig, da EPA; de Niall Kirkwood, da Universidade de Harvard; e dos arquitetos paisagistas Alan Christensen e Bruce Dees.

O Centro de Treinamento da Boeing e o Dickman Mill Park são dois projetos da Bruce Dees & Associates que se utilizaram da fitorremediação parar tratar áreas contaminadas e transformá-las em áreas verdes. O Dickman Mill Park está localizado na cidade de Tacoma, em Washington, e abrigava uma madeireira até 1947. Hoje o parque tem ciclovias, orlas, escritórios, restaurantes e hábitat natural restaurado.

Como já mencionamos, existem ainda muitos obstáculos no processo de redesenvolvimento das áreas degradadas, como alto custo de descontaminação ou demolição de edificações; baixa atratividade da região; dificuldade de aquisição da terra em virtude dos diferentes proprietários, da desconfiança e do desconhecimento entre as partes interessadas do setor público e privado; e descontinuidades de programas nos governos subsequentes. Somado a isso, existem os desafios técnicos específicos para transformar esses espaços em áreas verdes.

Quando a área degradada está inserida em uma região central, rica em infraestrutura, o processo de aquisição de terrenos para novas áreas verdes é o primeiro obstáculo a ser vencido diante da concorrência de solo urbano para outros tipos de uso, já que os estabelecimentos residenciais, comerciais e de serviços são vistos como empreendimentos mais lucrativos, com retorno financeiro rápido e maior arrecadação de impostos.

Entretanto, justamente nos locais mais centrais há maior necessidade de prover áreas verdes, em razão da alta densidade construída e populacional. Por exemplo, na capital paulista, as áreas centrais, como o distrito da Sé (que compreende os bairros de Bela Vista, Bom Retiro, Cambuci, Consolação, Liberdade, República, Santa Cecília e Sé) e o distrito da Mooca (que compreende os bairros de Água Rasa, Belém, Brás, Mooca, Pari e Tatuapé), estão entre as regiões de menor concentração de áreas verdes por habitante,[6] com 1,48 m² e 1,45 m², respectivamente, se comparadas à média da cidade, que é de 11,50 m² por habitante.

Segundo a pesquisa de Sousa sobre Toronto, publicada em 2003, e outra sobre as cidades americanas, publicada em 2004,[7] os fatores que mais dificultam a viabilização da conversão de áreas degradadas em áreas verdes são: falta de recursos financeiros, custo de aquisições de terras subutilizadas ou abandonadas e custo do processo de remediação, em casos de contaminação. Fundos específicos voltados para o redesenvolvimento de *brownfields* geralmente priorizam projetos lucrativos, cujo uso final resulta em renda direta para o poder público, proveniente de arrecadação de impostos (como empreendimentos residenciais, comerciais ou de escritórios). Já áreas verdes e os usos recreativos não são vistos como investimentos, pois não trazem tantos benefícios econômicos diretos (Siikamäk & Wernstedt, 2008; IEDC, 2001). Outros fatores mencionados, porém menos listados pelos entrevistados de Sousa (2003 e 2004), foram: os problemas da manutenção das áreas verdes após a implantação; a falta de equipe especializada no planejamento de áreas verdes; o fato de o tema não ser prioritário nas agendas públicas; e a responsabilidade pelos passivos ambientais.

Dessa forma, projetos que envolvem a recuperação de áreas degradadas e a conversão em espaços verdes dependem de uma convergência de interesses que possam facilitar a concretização de ideias, como criação de políticas públicas focadas no aumento e na melhoria das áreas verdes urbanas, fundos específicos e parceria público-privada atrelada a incentivos financeiros como isenções fiscais, que ainda são pouco exploradas (Siikamäk & Wernstedt, 2008).

No Canadá, a solução encontrada foi tentar atrelar áreas verdes e espaços livres públicos a novos empreendimentos imobiliários localizados em áreas degradadas. Os governos locais utilizam-se de um recurso legal chamado Parkland Dedication, que visa prover novas áreas verdes na cidade. Essa legislação cria condições para que cada municipalidade exija dos incorporadores a doação de uma porcentagem do total do terreno para parques, que pode variar de 2% a 10%, dependendo do tipo de uso do solo (Evergreen, 2004).

---

6   As áreas verdes contabilizadas nesse cálculo são praças e parques. Fonte de dados: Secretaria Municipal de Planejamento; Secretaria Municipal do Verde e Meio Ambiente; IBGE, Censo Demográfico 2000/Estimativa Sempla/Dipro com base no saldo vegetativo e taxa de crescimento 1991-2000.

7   A pesquisa foi realizada com vinte autoridades envolvidas em projeto de conversão de áreas degradadas em áreas verdes. Fonte: Sousa (2004).

O caso mais comum de parceria público-privada já praticada em países desenvolvidos, e que tem sido adotada recentemente em países em desenvolvimento, é a criação de parques, praças e outras áreas verdes de uso comum como um dos elementos estruturantes e mola propulsora, ou, ao menos, instrumento de *marketing* de empreendimentos imobiliários de grande porte de uso misto (habitação, comércio e serviços) em áreas degradadas, agregando valor e qualidade ao produto.

Figura 14. Um dos espaços livres verdes do empreendimento residencial Atelier Angus, em Montreal. Foto: Kátia Osso.

Figura 15. Um dos espaços livres de lazer (*playground*) do empreendimento residencial Atelier Angus, em Montreal. Foto: Kátia Osso.

Podemos citar aqui alguns projetos pioneiros e de grande sucesso (Leite, 2012; Miana, 2010), já apresentados no capítulo anterior:
- ▶ Atelier Angus (50,6 ha), antigo pátio ferroviário, em Montreal, com nove parques (Figura 14 e Figura 15);
- ▶ Península de Greenwich, em Londres, cujos projetos são O2, Greenwich Village e Greenwich Peninsula, e que prevê, no total, 48 acres de áreas verdes (Figura 16, Figura 17 e Figura 18). Essa intervenção faz parte de um antigo plano de revitalização de toda a antiga zona industrial e portuária, a sudeste da cidade (DockLands), que vem recebendo melhorias desde a década de 1990.

Figura 16. Espaços vegetados e passeio exclusivo para pedestre em Greenwich, em Londres.
Foto: Anna Christina Miana.

Figura 17. À esquerda, amplas áreas verdes em frente aos edifícios residenciais em Greenwich.
Foto: Anna Christina Miana.

Figura 18. À direita, uma das áreas verdes em frente aos edifícios residenciais em Greenwich.
Foto: Anna Christina Miana.

▶ San Francisco Mission Bay (122 ha), antiga zona portuária na cidade de São Francisco (Estados Unidos) que prevê 16 ha de áreas verdes (Figura 19, Figura 20 e Figura 21).

Figura 19. Uma das diversas áreas verdes que compõem a paisagem do bairro Mission Bay, em São Francisco.
Foto: Jes Muse.

Figura 20. Passeios exclusivos para pedestres entre os edifícios residenciais e de escritório. Mission Bay, em São Francisco.
Foto: Jes Muse.

Figura 21. Áreas verdes em Mission Bay, em São Francisco.
Foto: Jes Muse.

Um exemplo de parceria público-privada para a implantação de grandes empreendimentos de uso misto na América do Sul é o Porto Madero, em Buenos Aires, na Argentina, que trata da revitalização de uma zona portuária decadente da cidade, abandonada durante a maior parte do século XX até 1990. Trata-se, porém, de uma região muito bem localizada e rica em infraestrutura, com grande potencial imobiliário. A intervenção resultou em um dos bairros mais modernos e sofisticados da cidade, a partir da restauração de antigos galpões portuários e celeiros, que se transformaram em bares e restaurantes requintados; da construção de um complexo de novos edifícios de uso misto de alto padrão, como hotéis, escritórios e residências, museu e a Universidade Católica Argentina; e da requalificação do espaço público, o que resultou em inúmeros espaços livres vegetados (Figura 22 e Figura 23).

Figura 22. Jardins públicos em meio a edifícios e ruínas remanescentes da antiga área portuária, em Puerto Madero, na cidade de Buenos Aires. Foto: Patrícia Sanches.

Figura 23. Novos espaços livres em Puerto Madero, na cidade de Buenos Aires. Foto: Patrícia Sanches.

Muitos empreendedores aproveitam a oportunidade para também atender à compensação ambiental imposta pelo órgão licenciador, em face dos impactos negativos do empreendimento. Muitos apresentam porte e escala de novos bairros, tendo como exemplos recentes o Jardim das Perdizes, na Barra Funda, e o Parque da Cidade, no Brooklin, considerados grandes empreendimentos da capital de São Paulo, que se diferenciam de outras incorporações na cidade por suas dimensões, assim como pela possibilidade de interferência e mudança no desenho urbano do entorno imediato. O discurso conceitual desses empreendimentos segue os princípios da sustentabilidade urbana e das cidades inteligentes,

Figura 24. Espaços livres públicos do empreendimento de uso misto Parque da Cidade, em São Paulo. Foto: acervo da BMX Realizações Imobiliárias e Participações S/A.

Figura 25. Praça das Águas, Parque da Cidade, em São Paulo. Foto: acervo da BMX Realizações Imobiliárias e Participações S/A.

que se caracterizam por diversidade de usos e alta densidade, integração com a cidade por meio da criação de espaços abertos públicos, áreas verdes e priorização do pedestre, além do cuidado com o gerenciamento de águas e resíduos e a eficiência energética. O Jardim das Perdizes ocupará um grande terreno ocioso na Barra Funda, de 25 ha (equivalente a 25 quarteirões grandes), que vai abrigar um novo parque na área central de 5 ha, um de seus cartões de visita. Um dos destaques desse empreendimento é o sistema de drenagem previsto para absorver toda a água no terreno no próprio local, sem sobrecarregar o sistema de drenagem do bairro e os córregos da região. Já o Parque da Cidade ocupará um antigo terreno industrial de 8 ha, que antes abrigava a fábrica da Monark, e terá seis torres comerciais, duas residenciais, um shopping e um hotel. Os espaços livres públicos representam um total de 6,2 ha e 2,2 ha de áreas verdes (Figura 24 e Figura 25).

No Rio de Janeiro, temos como referência os projetos de Fernando Chacel, grande ícone da arquitetura paisagística, que atuou na implantação paisagística de diversos empreendimentos imobiliários, como o Parque Gleba E e o complexo residencial Península (Figura 26); o Parque Fazenda da Restinga, concebido em razão do empreendimento de escritórios Cittá America; o Calçadão Ecológico do empreendimento Rio Office Park e as áreas verdes do Clube Malibu. As propostas paisagísticas em todas essas intervenções respondiam, em alguns casos, a exigências de compensação ambiental, e resultaram na recuperação da vegetação nativa (mata de restinga e mangue) do sistema lagunar da baixada de Jacarepaguá, no Rio de Janeiro, locais que anteriormente estavam degradados do ponto de vista ambiental (Chacel, 2001).

Figura 26. Área degradada recuperada e transformada: complexo residencial Península, no Rio de Janeiro. Os espaços livres resultantes e a orla da lagoa da Tijuca foram restaurados com a vegetação nativa de restinga. Foto: Patrícia Sanches.

O fato de os benefícios econômicos atrelados a projetos de conversão de áreas degradadas em áreas verdes ainda serem desconhecidos, assim como o pequeno número de referências que possam ser replicadas, dificultam sua viabilidade (Sousa, 2003; Siikamäk & Wernstedt, 2008). De forma geral, faltam estudos que contabilizem os reais benefícios, principalmente econômicos, de projetos de conversão de áreas degradadas em áreas verdes. Esses ganhos, atualmente, não entram nas contas de muitos economistas, pois são ganhos indiretos, como redução de gastos com a saúde mental e física da população, principalmente de idosos que vivem no entorno; arrecadação de impostos com a valorização de imóveis e atração de novos empreendimentos.[8] A contabilização desses ganhos econômicos é fundamental para a sensibilização e persuasão dos investidores e do poder público, fazendo com que sejam prioridades nas agendas governamentais.

Outros fatores que viabilizam um cenário mais promissor para a criação de áreas verdes em áreas degradadas é o envolvimento e apoio da comunidade desde o início até o final do processo, para que possa ter o entendimento do todo e a compreensão do problema (Sousa, 2003; 2004). O apoio a vários projetos de restauração ecológica de áreas degradadas vem de grupos ambientais e da sociedade organizada, como o grupo Task Force to Bring Back Don, que atuou na recuperação e revitalização do rio Don, na cidade de Toronto, e o grupo Friends of High Line, de Nova York, que obteve sucesso e conseguiu pressionar as autoridades locais para transformar uma antiga linha férrea elevada em uma espécie de bulevar e parque linear suspenso. Essa iniciativa inspirou projetos semelhantes, como o Bloomingdale, em Chicago, que também objetiva a criação de um parque linear elevado onde antes havia uma linha férrea desativada. O projeto, que está em implantação, tem total participação e envolvimento da comunidade local. Um caso de sucesso é a praça Victor Civita, em São Paulo, cuja idealização, construção e gestão tem a participação de organizações comunitárias e não governamentais, assim como da iniciativa privada. Esses projetos serão mais bem detalhados adiante, ainda neste capítulo.

---

8   Um dos estudos sobre o tema foi conduzido pela instituição The Trust for Public Land com o objetivo de medir o valor econômico do sistema de parques e áreas verdes. Fonte: P. Harnik & B. Welle, *Measuring the Economic Value of a City Park System* (Washington: The Trust for Public Land, 2003).

As pesquisas de Sousa em Toronto e nos Estados Unidos apontam o que os entrevistados consideram como fatores que contribuem para o sucesso dos projetos de conversão em áreas verdes:
- ▶ a liderança governamental e política;
- ▶ o envolvimento e apoio da população;
- ▶ o financiamento governamental e a parceria público-privada;
- ▶ a localização geográfica das áreas degradadas, justificando a implantação de áreas verdes do ponto de vista social, potencializando o uso pela população; do ponto de vista econômico, em locais atrativos (orlas, ao longo dos rios, etc.); e do ponto de vista ecológico, permitindo a conexão de remanescente e a criação de corredores ecológicos;
- ▶ a área a ser recuperada deve fazer parte de um plano ambiental urbano maior e estratégico; por exemplo, um plano de rede de áreas verdes, justificando sua importância na escala da cidade.
- ▶ a redução de custos por meio de uma boa avaliação dos riscos de contaminação e a adoção da tecnologia mais adequada para determinada situação.

No contexto brasileiro, a combinação de instrumentos legais, previstos no Estatuto da Cidade (Lei Federal nº 10.257), e que se aplicam no plano diretor dos municípios, devem ser utilizados com vista à viabilização desses projetos. Um dos instrumentos são as operações urbanas consorciadas, que é uma forma viável de envolver a iniciativa privada em grandes intervenções urbanas estruturais. O direito de preempção, o direito de superfície e as zonas especiais de interesse ambiental são outros instrumentos que podem auxiliar o governo na aquisição de terrenos vazios e degradados para a criação de novas áreas verdes.

VISÃO DOS PROJETOS E DAS POLÍTICAS ATUAIS

Desde a década de 1970, foram realizados inúmeros projetos pontuais e bem-sucedidos de conversão de áreas degradadas em áreas verdes, tanto em aterros como em zonas portuárias desativadas ou antigas linhas ferroviárias. No entanto, políticas públicas e ações de conversão de áreas degradadas em áreas verdes realizadas de forma estratégica e dentro de uma visão global da cidade são relativamente recentes.

A Europa está na vanguarda dessa temática, com destaque para o Reino Unido. Entre 1988 e 1993, mais de 19% das áreas abandonadas e contaminadas foram convertidas em espaços verdes, um valor representativo maior do que qualquer outro uso final destinado às áreas degradadas do país (UK DETR, 1998 *apud* Sousa, 2003).[9]

A Agência de Desenvolvimento do Noroeste da Inglaterra possui três grandes programas estratégicos de recuperação de áreas degradadas e criação de mais espaços verdes: Newlands; Reclamation and Management of Derelict Land (Remade); e Regenerating the Environment Invests in the Economy (Revive). O objetivo principal é regenerar a terra de forma sustentável, além de aumentar e melhorar a infraestrutura verde da região.

O programa Newlands,[10] em parceria com a Forestry Commission, visa recuperar grandes áreas degradadas nessa região, transformando-as em bosques, matas e áreas de preservação para a comunidade local, trazendo maior atratividade à região e atendendo às demandas sociais e econômicas. Diversas áreas foram recuperadas ou estão em processo de recuperação, tais como Moston Vale, Bidston Moss, Lower Irwell Valley Improvement Area, Belfield, Brickfields, Town Lane, Brockholes Wetland e Woodland Reserve.

O Remade,[11] coordenado pela prefeitura de Lancashire, visava recuperar 300 ha de áreas degradadas (antigos sítios industriais, áreas de mineração e ferrovias desativadas, reservatórios em desuso, etc.) até 2011. Dentre os projetos em desenvolvimento, destaca-se a criação de uma reserva natural (Fishwicks Bottom Local Nature Reserve).

O Revive tem o objetivo de recuperar 170 ha de *brownfields* e convertê-los em áreas verdes, contribuindo para a infraestutura verde de Cheshire e Warrington, no noroeste da Inglaterra. Dentre os projetos, destacam-se a recuperação do aterro Bewsey Tip, a criação do corredor verde Chester to Mickle Trafford Greenway, que antes era uma antiga ferrovia, e a criação de um parque ecológico urbano em Woolston New Cut.

Há um estudo também sobre áreas degradadas na região de Glasgow e Clyde Valley, na Escócia, com potencial para serem incorporadas ao plano de áreas verdes regional (Green Network). As áreas degradadas foram identificadas e avaliadas por meio de uma matriz de priorização

---

9 Department of the Environment, Transport and the Regions, "Derelict Land Survey in 1998 and 1993" (Londres: DETR, 1998).
10 Disponível em http://www.newlandsproject.co.uk/.
11 Disponível em http://www.lancashire.gov.uk/corporate/web/?REMADE/20192.

dos terrenos com maior potencial para usos recreativos, espaços livres e vegetados. Esse projeto será detalhado e discutido no próximo capítulo em virtude de sua representatividade, tanto pelo processo de desenvolvimento de um plano de rede de áreas verdes, identificação e estudo das áreas degradadas como pelos critérios envolvidos na matriz de avaliação.

Nos Estados Unidos e no Canadá, observa-se maior interesse e conscientização da sociedade e dos órgãos ambientais sobre a importância do tema e a participação e o apoio do governo nos projetos de revitalização (Sousa, 2003). Um marco importante foi a percepção e o reconhecimento da própria EPA ao mencionar a importância da restauração e do estabelecimento de áreas verdes por meio da reutilização viável dos *brownfields*, em um boletim publicado em 2003:

> Enquanto o desenvolvimento econômico é um componente essencial do Programa *Brownfields*, da Agência Ambiental Norte Americana (EPA), a criação e a restauração de áreas verdes pode promover opções de recreação e melhorias estéticas, ou simplesmente promover espaços livres de que muitas comunidades necessitam para melhorar sua qualidade de vida. [...] Enquanto o redesenvolvimento de áreas degradadas para usos comerciais, residenciais e industriais pode ser essencial para a revitalização econômica de um bairro, o redesenvolvimento em áreas verdes públicas pode promover vantagens estéticas, de lazer e qualidade de vida que sobrepõem os benefícios econômicos.[12]

Siikamäk e Wernstedt (2008) investigaram os fatores que influenciam o sucesso dos esforços e das ações para a conversão de propriedades contaminadas subutilizadas em espaços verdes e traçaram um panorama do estado da arte nos Estados Unidos. A pesquisa apontou Minessota e Wisconsin como estados que apresentam políticas e ações mais atuantes nesse sentido.

Em Wisconsin, desde 2003, o Departamento de Recursos Naturais conta com o programa Brownfield Green Space and Public Facilities Grants. O objetivo é financiar bienalmente a remediação de áreas contaminadas cujos novos usos tragam, a longo prazo, benefícios para a comunidade, incluindo espaços verdes e áreas recreativas.

---

[12] Tradução de trecho do documento da US Environmental Protection Agency, "Brownfields Success Story: Choosing 'Greenspace' as a Brownfields Reuse", 2003. Disponível em http://www.epa.gov/brownfields/.

Apesar de não ter um programa formalizado, a Agência de Controle da Poluição de Minnesota (MPCA) mantém um grupo focado especificamente na conversão de áreas degradadas em espaços verdes, com o objetivo de reduzir a carga de poluição no escoamento superficial das águas da chuva da cidade.

Na esfera municipal americana, Sousa (2004) destaca a atuação de três cidades – Los Angeles, Minneapolis e Pittsburgh – que possuem políticas públicas e programas sobre o tema dentro de um plano maior para a cidade.

Em Los Angeles, em parceria com o Departamento de Recreação e Parques, o Brownfields Team identificou inúmeros *brownfields* que tinham potencial para serem convertidos em espaços verdes como parques, jardins e praças, com prioridade para as populações mais carentes e os locais deficientes em equipamentos de lazer. Dentre as áreas degradadas que foram transformadas em áreas de lazer e parques, destacam-se pelo menos seis projetos: Angels Gate Park (antiga instalação militar), State Historic Park/The Cornfields (antigo pátio ferroviário e estação de transferência de trem), Delano Park (antigo aterro), Ken Malloy Harbor Regional Park (área vazia rodeada por refinarias), Taylor Yard State Park (antigo pátio ferroviário) e White Point Park (antiga instalação militar). Pelos inúmeros projetos e ações que a cidade desenvolve, ela foi escolhida como uma das referências estudadas no capítulo 3, "A infraestrutura verde aplicada na recuperação e revitalização de áreas degradadas".

Em Minneapolis, o Departamento de Parques e Recreação, com o apoio de Minnesota, está ativamente envolvido na conversão de áreas degradadas em espaços verdes. Coordenado por um grupo diversificado, com representantes municipais, estaduais e organizações não governamentais, o departamento tem conseguido recuperar mais de trinta *brownfields* na região de Twin Cities. O exemplo mais significativo desse processo e ponto de convergência dos esforços de revitalização do centro de Minneapolis é o Mill Ruins Park, onde foram preservadas ruínas de canais e moinhos de água.

Finalmente, Sousa (2004) cita a cidade de Pittsburg, que se tornou o foco de atenção de muitos pesquisadores, pela concentração de *brownfields* e projetos de redesenvolvimento de grande porte. Um dos projetos mais notáveis de conversão em áreas verdes, em Pittsburgh, é o Nine-Mile Run: um vale cujo rio tem o mesmo nome e estava totalmente poluído, em consequência de atividades industriais e de um lixão próximos ao local. A decisão das autoridades locais, após diversas consultas públicas, foi a de restaurar o córrego e construir empreendimentos residenciais próximo a novos parques de vizinhança e um corredor verde, totalizando 55 ha de áreas verdes. A recuperação foi concluída em 2006 e é considerada uma das maiores restaurações de rios urbanos nos Estados Unidos.[13]

Sousa (2003; 2006) cita ainda a cidade de Toronto, no Canadá, que tem se mostrado muito proativa com relação às políticas e aos planos urbanos voltados para a conversão de áreas degradadas em áreas verdes durante a última década. No total, foram 614 ha de novos espaços livres e vegetados criados a partir da recuperação de áreas degradadas ao longo do rio Don. Há ainda outros tantos terrenos abandonados e degradados na orla do lago Ontário que serão restaurados e revitalizados por meio do projeto Toronto Waterfront.

UMA LUZ "VERDE" NO FIM DO TÚNEL

Vamos apresentar agora projetos de referência e experiências de sucesso, tanto nacionais como internacionais, que, apesar de pontuais, mostram as diversas possibilidades de atuação e intervenção. Absolutamente desvalorizadas, abandonadas e subutilizadas, essas áreas foram transformadas, com muito esforço, determinação e vontade de todos os envolvidos, em parques, praças, áreas de preservação e demais espaços livres públicos atraentes, repletos de atividades em que há intensa participação da comunidade. Os exemplos foram agrupados e classificados por seus usos anteriores à degradação, divididos da seguinte forma: áreas de mineração, aterros de resíduos, infraestrutura urbana, áreas industriais e outros usos.

Áreas de mineração

A recuperação de áreas de mineração e de extração de areia desativadas, convertidas em parques e áreas verdes é uma prática aplicada há algumas décadas no Brasil. Exemplos disso são o Parque Ibirapuera, inaugurado em 1954; a Raia Olímpica da Universidade de São Paulo (1972); o Parque Ecológico do Tietê, inaugurado em 1982 (Figura 28); e o Parque Cidade de Toronto, inaugurado em 1992 (Figura 27 e Figura 28). Anteriormente, todos abrigaram cavas de extração de areia e hoje não têm nenhuma relação com os usos originais, nem mesmo seus usuários têm conhecimento sobre a origem e o histórico desses locais.

---

13 Nine Mile Run Watershed Association. Disponível em http://www.ninemilerun.org/.

Figura 27. Lago do Parque Cidade de Toronto, na cidade de São Paulo, que antes foi uma cava de extração de areia. Foto: Patrícia Sanches.

Figura 28. Lago do Parque Ecológico do Tietê, na cidade de São Paulo, originário de cava de extração de areia. Foto: Patrícia Sanches.

Apesar dessas iniciativas, ainda existem muitos desafios, desconhecimento técnico e científico, falta de regulamentações específicas e políticas públicas que incentivem a recuperação dessas áreas para usos públicos, como espaços livres e vegetados.

Segundo Bitar (1997), dentre os usos pós-mineração na região metropolitana de São Paulo, áreas de lazer, recreação e esportes comunitários representam 21%. Todas as iniciativas foram financiadas pelo poder público, sem nenhuma participação de investimentos privados.

O melhor exemplo de recuperação de área de mineração no Brasil, principalmente de pedreiras reutilizadas de forma estratégica no incremento de áreas verdes urbanas, ocorreu na cidade de Curitiba, no Paraná. Algumas pedreiras foram convertidas em bosques ou parques públicos e, com a implantação de equipamentos culturais, transformaram-se em símbolos da cidade, com atrativos turísticos e ponto de convergência social.

A maioria desses parques foi criada na década de 1990, com o objetivo de conservar os remanescentes florestais e os fundos de vale, além de aumentar as áreas permeáveis para evitar inundações e proteger as áreas ambientalmente sensíveis (Barcellos, 2005). São eles:

- Parque Tanguá (Figura 29 e Figura 30). Inaugurado em 1996, no local onde havia um antigo complexo de pedreiras desativadas, preserva áreas verdes próximas à nascente do rio Barigui.
- Bosque Zaninelli (Figura 31 a Figura 34). No local havia uma pedreira que foi explorada pela família Zaninelli e desativada em 1983. Em 1992 foi inaugurado o bosque, posteriormente declarado de utilidade pública por lei municipal (1993) e estadual (1996). A área recuperada, de 37 mil m², também abriga a Universidade Livre do Meio Ambiente.
- Parque das Pedreiras: no local onde havia uma antiga pedreira, foi inaugurado, em 1992, um parque de uso misto (áreas verdes e espaço cultural), que abriga o Teatro Ópera de Arame e o Espaço Cultural Paulo Leminski (Figura 35).

A imagem aérea (Figura 36) revela a proximidade entre os parques, implantados de forma estratégica, tendo em vista a proteção ecológica e ambiental e a promoção de atividades culturais e sociais.

Outra iniciativa relevante é o Palmisano Park, antigo Stearns Quarry, em Chicago, nos Estados Unidos (Figura 37), inaugurado em 2009.

Figura 29. Parque Tanguá, em Curitiba. O local abrigava uma área de mineração (pedreira). Foto: Flavio Henrique da Silva.

Figura 30. Imagem da pedreira e do lago: o grande atrativo do Parque Tanguá, na cidade de Curitiba. Foto: Samuel Luiz Bim.

CONVERSÃO DE ÁREAS DEGRADADAS EM ÁREAS VERDES   69

Figura 31. Topo, à esquerda, trilha do Bosque Zaninelli, em Curitiba, que leva à antiga pedreira e ao lago. Foto: Patrícia Sanches.

Figura 32. Topo, à direita, lago do Bosque Zaninelli, em Curitiba, e, ao fundo, a Universidade Livre do Meio Ambiente. Foto: Patrícia Sanches.

Figura 33. Acima, à esquerda, vista da antiga pedreira em meio à mata em regeneração e o atual lago do Bosque Zaninelli, em Curitiba. Foto: Patrícia Sanches.

Figura 34. Acima, à direita, espaço para eventos próximo ao lago do Bosque Zaninelli, em Curitiba. Foto: Patrícia Sanches.

Figura 35. Ao lado, Parque das Pedreiras: imagem da pedreira, do lago e de parte do Teatro Ópera de Arame. Foto: Gabriela Nerone.

Figura 36. Localização dos parques Tanguá, das Pedreiras e do Bosque Zaninelli. Fonte: Google Earth, 2012.

Figura 37. Vista do Parque Palmisano (antigo Stearns Quarry), na cidade de Chicago. Foto: Seth Anderson.

Nesse local, 8 ha de uma pedreira localizada no centro urbano da cidade foram convertidos em um parque público.

É interessante observar que todos esses projetos de recuperação de pedreiras estão inseridos no tecido urbano, muitas vezes em regiões altamente adensadas, uma vez que a cidade cresceu e englobou as áreas de mineração desativadas. Por meio das imagens é possível perceber que os projetos tiram proveito de paredões resultantes da extração mineral para compor o cenário de beleza entre rochas, água e vegetação.

Segundo Gia Biagi,[14] diretora de planejamento e desenvolvimento do departamento de parques de Chicago, são muito limitadas as oportunidades para a aquisição de novos espaços livres nas cidades. Para o departamento, é essencial explorar a estratégia de redesenvolvimento de *brownfields* para atingir a meta de 2 acres de áreas verdes por mil habitantes na cidade, o que equivale a 8 m^2 por habitante.

Infelizmente, observa-se a escassez de literatura nacional e estrangeira sobre o tema. É necessário mais pesquisa e estudo para que se obtenha um panorama da realidade, principalmente do contexto brasileiro, identificando quais são as dificuldades, os desafios, os benefícios e os fatores que facilitam a conversão de áreas mineradas desativadas em áreas verdes, para que, assim, seja possível tomar decisões e promover ações estratégicas para o desenvolvimento de projetos desse tipo.

Aterros de resíduos

Uma das grandes questões acerca dos aterros de resíduos inertes e orgânicos é o que fazer quando sua vida útil chega ao fim. Deixar essa porção de terra sem uso, abandonada nas periferias da cidade, não é uma decisão sábia, nem responsável, nem rentável. Os antigos aterros tornam-se vulneráveis a diversas atividades ilícitas, ocupação ilegal e oferecem grande risco à saúde, além de comprometerem a qualidade de vida dos moradores do seu entorno. Entre os destinos vislumbrados para essas áreas, um deles é a recuperação e transformação em parques, em razão de seu tamanho (espaços generosos), localização (próximo ou inserido na malha urbana) e do custo baixo, ou até mesmo zero, para a aquisição de terras, já que a maioria é área pública.

Segundo os pesquisadores Harnik, Taylor e Welle (2006), em uma área metropolitana mais densa, um aterro de resíduos talvez seja a única

---

14 G. Biagi, publicação eletrônica (mensagem pessoal). Mensagem recebida de gia.biagi@chicagoparkdistrict.com em 19-1-2009.

área "livre" remanescente para a criação de áreas verdes. Projetos de conversão de aterros desativados em parques não são uma solução nova. Os primeiros parques construídos em aterros nos Estados Unidos datam de 1926, com o Rainier Playfield, antigo Rainier Dump, em Seattle.

A organização Trust for Public Land (TPL),[15] nos Estados Unidos, desenvolveu interesse particular em aterros e lançou uma campanha nacional para convertê-los em parques e outras áreas verdes, por acreditar que em áreas urbanas seja mais vantajoso adquirir terras previamente utilizadas, porque, além do custo mais baixo dos terrenos, a iniciativa contribui para que as comunidades locais possam reciclá-las para novos usos públicos. A organização defende a ideia de que os aterros já deveriam ser pensados e concebidos em sua fase de planejamento para a conversão em parque ao fim da sua vida útil.

Diferentemente de uma área que nunca foi ocupada, antigos aterros requerem, quase sempre, maior tempo de planejamento e elaboração de projeto para convertê-los em parques, em virtude de sua complexidade e da aplicação de técnicas adequadas para descontaminar e estabilizar o solo e controlar os gases tóxicos emanados, que se constituem nos principais desafios para o desenvolvimento de tais projetos de revitalização.

No entanto, a geração de gases, sob controle e monitoramento constante, pode trazer benefícios financeiros, como é o caso do Saint Johns Landfill, um antigo aterro sanitário de 809 ha, que hoje faz parte da reserva natural Smith-Bybee Wetland, em Portland, nos Estados Unidos, na qual são arrecadados mais de US$ 100 mil por ano com a venda de gás metano gerado pelo aterro, que é canalizado para uma indústria de cimento a 3,22 km de distância (Harnik, 2010).

Outro desafio é a construção em aterros que foram operados irregularmente. Um dos casos registrados pelo TPL foi o do Mabel Davis Park, em Austin, no estado do Texas, um antigo aterro desativado em 1950 e convertido em parque em 1970. Poucos anos depois de sua criação, sua cobertura começou a erodir, fazendo emergir a poluição de componentes que se encontram em fertilizantes e baterias que ali foram depositados irregularmente. Depois de inúmeros problemas, o parque foi obrigado a fechar em 2000 e só foi reaberto em 2005, após custosos reparos.

---

15 The Trust for Public Land (TPL) é uma organização não governamental que trabalha na proteção de terras como parques e espaços livres. Apesar de o TPL não ser uma agência pública, muitas vezes trabalha em conjunto com o governo.

Fato semelhante ocorreu no Parque Raposo Tavares, no estado de São Paulo, o primeiro aterro convertido em Parque da América Latina, inaugurado em 1981. Em virtude das investigações pouco aprofundadas sobre as condições do sítio, assim como do desconhecimento técnico, da falta de regulamentações e de recursos financeiros, o parque começou a apresentar problemas de estabilidade do solo, com a exposição de resíduos ao ar livre e surgência de percolado, como o chorume (Morinaga, 2007).

Em contrapartida, há inúmeros casos de sucesso, que se tornaram referências e verdadeiros indutores de revitalização de regiões e comunidades decadentes. Um deles é o Boston Millennium Park, na cidade de Boston, criado em 1999. O local era um antigo aterro denominado Gardner Street Landfil, com 40,5 ha, que hoje abriga diversas atividades esportivas, campos de futebol, trilhas e caminhos para ciclistas.

Um projeto de destaque internacional em implementação é o Ariel Sharon Park, antigo aterro de Tel Aviv, em Israel. A grande atração é a montanha de resíduos Hiriya (Figura 40). Ali se acumulou, desde 1952, grande parte dos resíduos da cidade na planície de Ayalon, totalizando uma altura de 80 m até o ano 2000, quando foi decretado o fim da atividade. Por causa do imenso potencial recreativo, contemplativo e paisagístico, que oferece uma das melhores vistas da cidade, as autoridades locais decidiram transformar o local em um parque ecológico, que já está parcialmente em funcionamento e que engloba as planícies do rio Ayalon (Figura 38 a Figura 41). O projeto é do renomado escritório de arquitetura paisagística Peter Latz and Partner GbR, que já possui ampla experiência em projetos de áreas verdes concebidos em áreas degradadas. A previsão é de que o parque, que será um dos maiores parques urbanos do mundo, esteja totalmente pronto até 2020.

A Hiriya (Figura 40) deverá se transformar em um símbolo ambiental e parque temático sobre reciclagem para as crianças. Três estações de reciclagem já funcionam na base da montanha, triturando o lixo processado e transformando-o em cascalho, e a matéria orgânica seca, em matéria vegetal decomposta, além de separar o lixo residencial comum por meio de piscinas de água, uma inovação de uma empresa israelense que ainda se encontra em fase experimental.

Os gases que provocam o efeito estufa estão sendo coletados em poços escavados na montanha e, em breve, serão vendidos, para cumprir os acordos do protocolo de Kyoto sobre os créditos de carbono, como ressalta Danny Sternberg, atual diretor geral do parque. A ideia é que

Figura 38. Plano diretor do Parque Ariel Sharon.
Foto: Peter Latz + Partner.

Figura 39. Ilustração do Parque Ariel Sharon; ao fundo se vê a montanha de resíduos Hiriya.
Foto: Peter Latz + Partner.

CONVERSÃO DE ÁREAS DEGRADADAS EM ÁREAS VERDES 75

Figura 40. Vista aérea da Hiriya e do
Parque Ariel Sharon em implantação.
Fonte: acervo do Estado de Israel.

Figura 41. Vista do Parque Ariel Sharon
(em implantação) com a montanha de resíduos
Hiriya. Fonte: acervo do Estado de Israel.

Figura 42. Aterro de resíduos Freshkills em funcionamento em 1973, na cidade de Nova York. Foto: Chester Higgins via Wikimedia Commons.

um dia a energia gerada pela montanha produza a iluminação do parque durante a noite.[16]

Outro projeto similar em andamento é o Freshkills Park, em Nova York, um dos maiores aterros de resíduos da cidade (Figura 42), que foi desativado e está sendo convertido em um parque cuja área é três vezes maior que a do Central Park. Da área total, apenas 45% pertencem ao aterro; os 55% restantes são ocupados por rios, áreas de várzeas e campos. O objetivo é transformá-lo em um símbolo de renovação e expressão de como a sociedade pode restaurar o equilíbrio de sua paisagem.

A intervenção e recuperação do local deve ser feita a longo prazo e está dividida em várias fases. Estima-se um período de trinta anos para a sua conclusão. As obras dos primeiros anos visam garantir o acesso do usuário ao interior do parque, em áreas já recuperadas, como brejos e alagados, campos e córregos.

Em 2006, o Departamento de Parques e Recreação assumiu a responsabilidade da implantação das diretrizes do Plano Diretor Preliminar específico para o parque (City of New York, 2006). Trata-se de um docu-

---

16   Ayalon Park. Rejuvenating the Mountain. Disponível em http://www.hiriya.co.il/len/. Acesso em mar. de 2014.

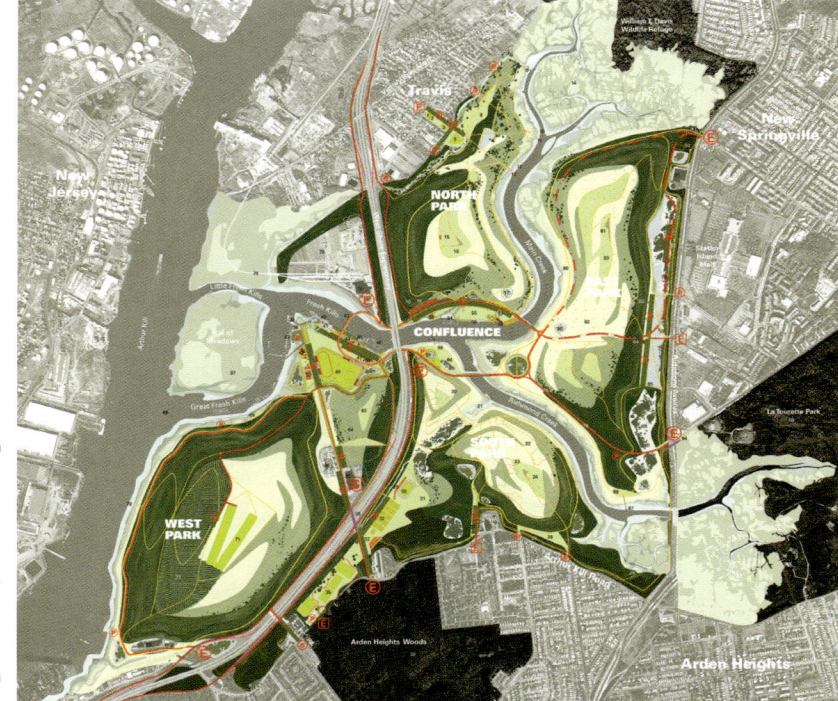

CONVERSÃO DE ÁREAS DEGRADADAS EM ÁREAS VERDES 77

Figura 43. Implantação do Parque Freshkills, em Nova York.
Foto: renderização pelo escritório James Corner Field Operations, cedida por City of New York.

Figura 44. Perspectiva eletrônica do Parque Freshkills, em Nova York, após a revitalização.
Foto: renderização pelo escritório James Corner Field Operations, cedida por City of New York.

mento completo, que apresenta o processo de planejamento, zoneamento e as diretrizes de projeto (Figura 43). O parque foi estruturado em três principais sistemas: circulação, biodiversidade e programa de usos (lazer e recreação). Com relação ao primeiro sistema (circulação), está prevista uma série de rotas para pedestres e ciclistas, e alguns passeios de uso incomuns em parques urbanos, como trilhas de *mountain bike* e de cavalgadas. Pretende-se restaurar ecologicamente os hábitats e criar corredores ecológicos que se conectem com áreas naturais existentes, além de conciliar um projeto paisagístico criativo com o enriquecimento da flora nativa. O programa de usos do projeto apresenta ampla variedade de espaços e instalações para atividades sociais, culturais, artísticas e práticas esportivas, inclusive aquáticas, como canoagem.

Existe um comprometimento do governo com a produção de energia renovável (energia eólica, fotovoltaica e aquecimento solar para água e aquecimento e resfriamento geotérmico) para suprir, tanto quanto possível, a demanda interna do parque, transformando o local em uma plataforma de experimentação no desenvolvimento e aplicação de tecnologias limpas. Para a prefeitura, o parque será um projeto-piloto para geração de conhecimento sobre diversas questões ambientais (reflorestamento, restauração ecológica, produção de energia, etc.) a serem replicadas. No momento, o gás metano gerado pelo aterro sanitário – suficiente para aquecer 22 mil unidades habitacionais, já está sendo vendido para a National Grid, uma empresa internacional responsável pelo provimento e distribuição de energia e gás para a região de Nova York.

Um exemplo brasileiro bem-sucedido de área verde construída em um antigo aterro é o Parque Villa-Lobos, na cidade de São Paulo. De acordo com a Secretaria do Meio Ambiente do Estado de São Paulo,[17] na porção oeste do parque "havia um depósito de lixo da Companhia de Entrepostos e Armazéns Gerais do Estado de São Paulo (Ceagesp), onde cerca de oitenta famílias recolhiam alimentos e embalagens. Na parte leste, vizinha ao atual Shopping Villa-Lobos, era depositado material dragado do Rio Pinheiros, e na porção central, o antigo proprietário permitia o depósito de entulho (Figura 45 e Figura 46). Alguns autores mencionam ainda que antes de ser aterro o local era uma área de extração de areia (Rondino, 2005; Bitar,1997).

---

17 Secretaria do Meio Ambiente do Estado de São Paulo. "Parque Villa-Lobos nasceu de uma antiga área de descarte de resíduos." Disponível em http://www.ambiente.sp.gov.br/parquevillalobos/parquevillaslobosHistorico.php. Acesso em 12-1-2010.

CONVERSÃO DE ÁREAS DEGRADADAS EM ÁREAS VERDES 79

Figura 45. Antigo aterro que existia no local do Parque Villa-Lobos.
Foto: acervo da Secretaria do Meio Ambiente do Estado de São Paulo.

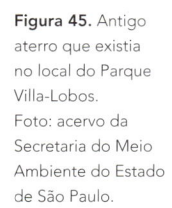

Figura 46. Imagem aérea atual do Parque Villa-Lobos.
Foto: acervo da Secretaria do Meio Ambiente do Estado de São Paulo.

Figura 47. Vista do interior do Parque Villa-Lobos. Foto: Patrícia Sanches.

O parque foi projetado pelo arquiteto Décio Tozzi para ser a Cidade da Música, em homenagem ao compositor brasileiro Villa-Lobos. As obras foram iniciadas em 1989 e o parque, ainda inacabado, foi inaugurado em 1994, mas pouco se implantou do projeto original (Figura 46 e Figura 47).

Em 2005, o Parque Villa-Lobos passou por um processo de expansão e revitalização, com adequação de pisos dos passeios, ampliação das áreas verdes, verificação e monitoramento da Cetesb quanto a contaminação do solo. Reaberto em 2006, hoje é um dos parques mais visitados na zona oeste da cidade.

Infraestrutura urbana

Atualmente, é cada vez mais comum encontrar projetos de áreas verdes em locais abandonados e degradados que abrigavam redes e sistemas de infraestrutura de transporte – como ferrovias, viadutos e passarelas – ou infraestrutura de abastecimento – de água, gás e energia elétrica –, que se tornam espaços subutilizados. Dentre os exemplos, destaca-se a Promenade Plantée, em Paris, na França. Esse projeto compreende um parque de 4,5 km instalado sobre uma antiga ferrovia elevada, originária

CONVERSÃO DE ÁREAS DEGRADADAS EM ÁREAS VERDES 81

Figura 48. Topo, vista dos arcos da antiga ferrovia elevada convertida em parque linear (a Promenade Plantée), em Paris. Foto: Stacie Chan.

Figura 49. Acima, a Promenade Plantée, em Paris: passeio de pedestres muito arborizado sobre antiga ferrovia elevada. Foto: Suzanne Levasseur.

Figura 50. Ao lado, a Promende Plantée, em Paris. Foto: Jiansong Huang.

Figura 51. Jardins e espelhos d'água fazem parte dos jardins da Promenade Plantée, em Paris.
Foto: Frédéric Gallas.

Figura 52. Trecho final da Promende Plantée: ponte de pedestre sobre o jardim de Reuilly, em Paris.
Foto: Jack Price.

CONVERSÃO DE ÁREAS DEGRADADAS EM ÁREAS VERDES 83

Figura 53. Mapa de localização do projeto do High Line. A intervenção corta 22 quadras em Manhattan e tem 2,6 km de extensão. A linha verde-escura representa o trecho 1 e 2, já implantado, e a verde-clara é o trecho 3, que está em construção. Fonte: adaptado de High Line Map. Disponível em http://www.thehighline.org.

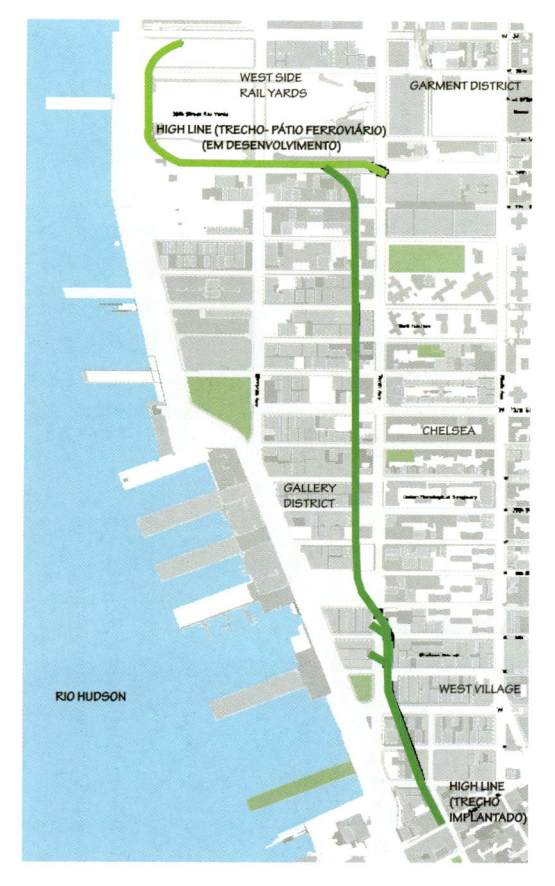

do século XIX, que estava abandonada. O parque elevado, projetado pelo paisagista Jacques Vergel e pelo arquiteto Philippe Mathieux, após os 4,5 km de trecho elevado, estende-se até Bois de Vincennes no nível do solo, como é mostrado nas imagens a seguir.

Semelhante à Promenade Plantée, o Highline, em Nova York, é também um parque construído em uma antiga linha férrea elevada, que corta 22 quadras do bairro de Manhattan e compreende aproximadamente 2,6 km (Figura 53). A ferrovia iniciou as atividades em 1930 e manteve seu funcionamento até 1980 (Figura 55).

A ideia inicial era demolir a estrutura, que já estava abandonada havia anos e denegria a paisagem, além de desvalorizar a área. A população local residente, por sua vez, percebendo o potencial dessa estrutura – belos visuais e vistas panorâmicas sobre os trilhos, localização central e

Figura 54. Antes do High Line: ferrovia elevada ainda em funcionamento em 1934, na cidade de Nova York. Foto: autor desconhecido.

Figura 55. Antes do High Line: vista da antiga ferrovia elevada, em Nova York, já abandonada, em maio de 2000. Foto: Joel Sternfeld, cortesia do acervo de Luhring Augustine, Nova York.

a própria regeneração da vegetação que espontaneamente nascia sobre uma camada irrisória de terra (Figura 55) – decidiu se reunir e fundar, em 1999, a organização Friends of the High Line para defender a preservação da ferrovia elevada e sua reutilização como espaço público.

Só em 2002 a prefeitura de Nova York abraçou a causa da comunidade. Dois anos mais tarde foi aberto um concurso para selecionar a equipe que iria projetar o parque. O escritório de paisagismo James Corner Field Operations e o escritório de arquitetura Diller Scofidio e Renfro ganharam o concurso e contaram com uma equipe multidisciplinar experiente em diversos assuntos, como horticultura, engenharia, manutenção, segurança e arte pública.[18] Muitas das espécies que foram plantadas no local já faziam parte da vegetação que nascia espontaneamente sobre a ferrovia elevada, priorizando, assim, a vegetação nativa e de baixa manutenção. Os desenhos de piso e mobiliário urbano têm formas inspiradas nos trilhos que ali existiam, conferindo identidade e características únicas ao local. Além de ser um espaço de caminhada, encontros, descanso e contemplação, existem algumas lanchonetes no local que funcionam nos meses mais quentes do ano.

A construção do parque teve início em 2006 e ainda está em andamento. No entanto, a fase 1 foi entregue em junho de 2009 (Figura 56 e Figura 58), a fase 2 (Figura 59 e Figura 60) em 2011, e a conclusão da terceira fase está prevista para 2014.

Mais recente e inspirado no sucesso do Highline é o Bloomingdale Trail and Park, na cidade de Chicago. Trata-se de um projeto de conversão de 4,35 km de uma ferrovia elevada desativada em um parque linear com trilhas e caminhos para pedestres e ciclistas. O plano oficial foi concluído em 2012 e conta com o apoio da ONG Trust For Public Land. Ele será financiado parcialmente pelo Programa Federal de Mitigação de Congestionamentos e Melhoria do Ar (CMAQ); outra parte dos recursos necessários virá de fundos que ainda não foram acordados.

As obras foram iniciadas em 2013; no entanto, desde 1998 o local vem sendo objeto de discussão empreendida pelo poder público, com a participação ativa e intensa da população. Primeiro, foi considerado um local com potencial para mobilidade de ciclistas e pedestres, destinação apoiada pelo grupo comunitário Friends of Bloomingdale Trail (fundado em 2003); posteriormente, em 2004, foi identificada sua vocação não só

---

18   Informações disponíveis em http://www.thehighline.org/.

Figura 56. Vista do projeto High Line, em Nova York, já implantado, criando diversos espaços agradáveis de circulação e estar. Foto: John Hill.

Figura 57. Trecho do High Line, em Nova York, sob o prédio Chelsea Market. Foto: Ikbonset, via Wikimedia Commons.

CONVERSÃO DE ÁREAS DEGRADADAS EM ÁREAS VERDES 87

Figura 58. Topo, High Line, em Nova York: áreas de estar diversificadas. Foto: Anthony Ling.

Figura 59. Acima, vista do trecho 2 do High Line, em Nova York. Foto: BriYYZ via Wikimedia Commons.

Figura 60. Ao lado, vista do trecho 2 do High Line, em Nova York: passeios elevados sobre a antiga linha férrea. Foto: Beyond My Ken via Wikimedia Commons.

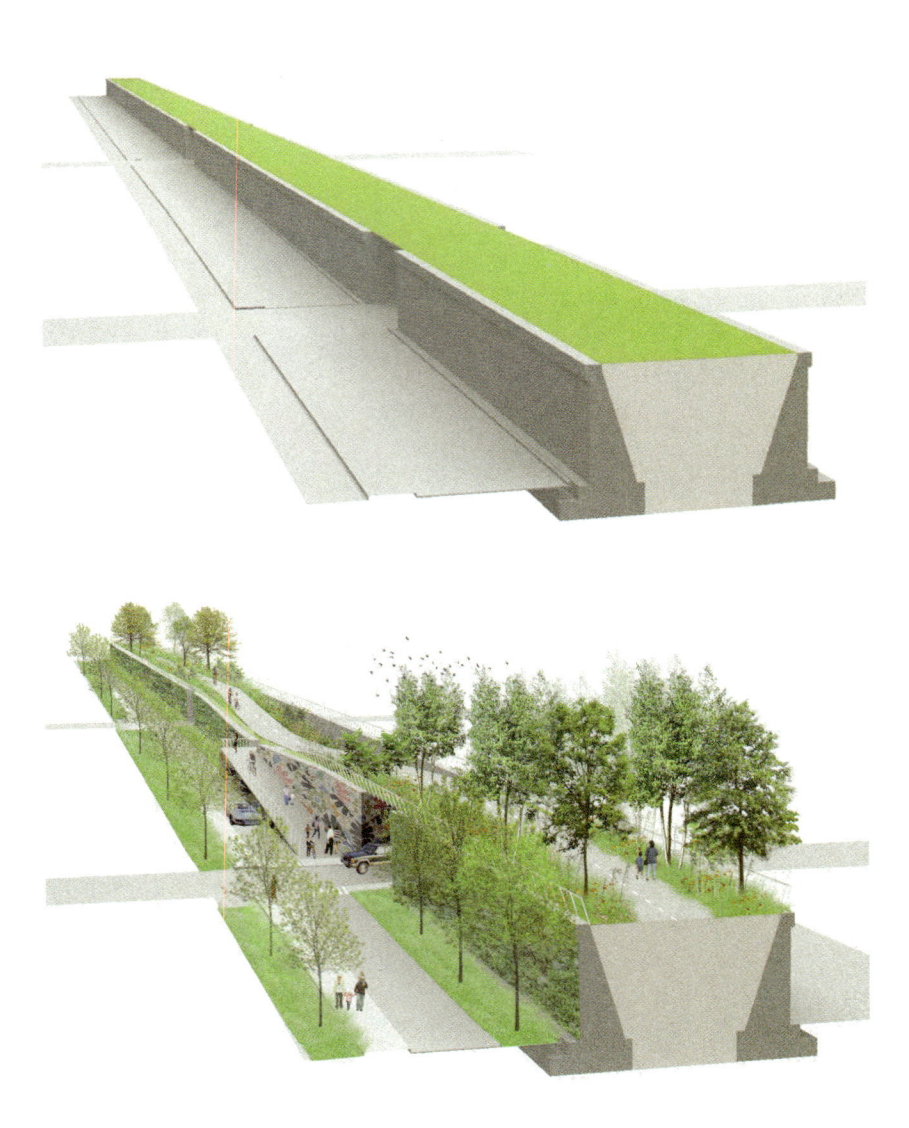

Figura 61. O antes e o depois: seção atual da linha férrea abandonada (acima), e seção, segundo projeto do parque linear (abaixo) ao longo da avenida Bloomingdale, em Chicago.
Foto: adaptada de Bloomingdale Trail and Park Framework Plan, Department of Transportation, City of Chicago.

CONVERSÃO DE ÁREAS DEGRADADAS EM ÁREAS VERDES   89

Figura 62. Vista atual da avenida Ridgeway, em Chicago. Foto: acervo de Michael Van Valkenburgh Associates, Inc.

Figura 63. Perspectiva eletrônica do parque linear na avenida Ridgeway, em Chicago, após a revitalização.
Foto: acervo de Michael Van Valkenburgh Associates, Inc.

Figura 64. Acima, à esquera, vista atual do lado leste da linha férrea, próximo à avenida Saint Louis, em Chicago. Foto: acervo de Michael Van Valkenburgh Associates, Inc.

Figura 65. Acima, à direita, perspectiva eletrônica do parque linear, próximo à avenida Saint Louis, em Chicago, após a revitalização, com trilhas elevadas interpretativas. Foto: acervo de Michael Van Valkenburgh Associates, Inc.

Figura 66. Ao lado, acima, vista atual da linha férrea sobre a avenida Milwaukee, em Chicago. Foto: acervo de Michael van Valkenburgh Associates, Inc.

Figura 67. Ao lado, abaixo, perspectiva eletrônica do parque linear sobre a avenida Milwaukee, em Chicago, após revitalização. Foto: acervo de Michael Van Valkenburgh Associates, Inc.

Figura 68. Abaixo, à esquerda, vista aérea da linha férrea ao lado do Parque Churchill, em Chicago. Foto: acervo de Michael Van Valkenburgh Associates, Inc.

Figura 69. Abaixo, à direita, perspectiva eletrônica do parque linear junto ao Parque Churchill revitalizado, em Chicago. Foto: acervo de Michael Van Valkenburgh Associates, Inc.

para a mobilidade, mas também como local com área verde para lazer e recreação. Em 2011, foram realizadas oficinas de projeto (*charretes*) com as comunidades, por quatro dias, envolvendo a participação de mais de duzentas pessoas.

Entre os principais objetos do projeto estão a (1) valorização e restauração dos elementos construtivos do elevado (estrutura, muros de arrimo e vedações), tirando proveito da diversidade topográfica e das seções da ferrovia ao longo dos 4,35 km, o que possibilitará a criação de diversos microambientes de lazer, recreação, paisagísticos e ecológicos; (2) promoção de espaços equilibrados de circulação e áreas verdes de lazer e recreação, tanto para pedestres como para ciclistas; (3) criação de espaços únicos de integração com a comunidade local, com os parques já existentes e diversas modalidades de transportes.

Outra iniciativa é a da Schoneberger Naturpark, uma reserva natural de 18 ha em Berlim, na Alemanha, que também abrigava duas linhas ferroviárias. Em 1980, surgiu a proposta de se construir no local um novo pátio ferroviário e uma estação de cargas. Entretanto, devido a pesquisas conduzidas no local sobre a riqueza da fauna no entorno dele e aos esforços de um grupo ativo de cidadãos, impediu-se que fossem realizadas essas ampliações de infraestrutura. Em 1999, o local foi declarado como área natural protegida e em 2000 foi aberto ao público. As imagens a seguir (Figura 70 e Figura 71) mostram as áreas protegidas com os remanescentes das instalações ferroviárias e as novas intervenções.

Um bom exemplo de áreas subutilizadas e residuais que foram transformadas em uma área verde linear é o Parque da Integração Zilda Arns, em São Paulo. O local ainda hoje abriga a adutora de água Rio Claro da Sabesp enterrada no solo, o que gerava um espaço subutilizado e degradado, sem nenhum cuidado e identidade com a população (Figura 72 à Figura 74).

Segundo a Sabesp, a ideia de construir um parque na região remonta a 1988, quando a população começou a debater propostas para o melhor aproveitamento da faixa da adutora. Em 2000, quando a Prefeitura de São Paulo realizava estudos sobre áreas com graves problemas sociais, foi criado o Programa de Ações Integradas com a missão de promover diversas ações que resultassem na melhoria de vida da população das regiões mais afetadas e, nesse contexto, decidiu-se criar um parque sobre a faixa da adutora Rio Claro.

Figura 70. Intervenções no Parque Schoneberger, em Berlim, como passarelas e pontes, em antigas instalações ferroviárias. Foto: Gudrun Schwartz.

Figura 71. Intervenções no Parque Schoneberger, em Berlim, como túneis, passarelas e pontes, em antigas instalações ferroviárias. Foto: Stephanie Braconnier.

Figura 72. Parque da Integração, na cidade de São Paulo. Trecho em que as pistas de caminhada e ciclovia correm paralelas. Foto: Patrícia Sanches.

Figura 73. Parque da Integração, na cidade de São Paulo. Trecho com arborização consolidada, pista de caminhada e ciclovia. Foto: Patrícia Sanches.

O projeto é da Escola da Cidade (Associação de Ensino de Arquitetura e Urbanismo de São Paulo – AEAUSP). O processo de desenvolvimento e criação do parque teve a participação da comunidade em diversas etapas, por meio de reuniões e oficinas, que visaram identificar os principais anseios da população da região e traçar a estratégia de um plano que atenderia boa parte das necessidades apontadas.

O parque foi inaugurado no início de 2010 e é considerado o quarto maior parque linear do mundo, com uma extensão de 7,5 km. A faixa não edificante da adutora tem largura de cerca de 30 m, à qual foram adicionados alguns trechos de áreas vizinhas, que permitem a colocação de vários equipamentos, como *playgrounds*, quadras esportivas, campos de futebol, entre outras. Outro fato interessante é que a faixa da adutora de água cruza com a linha de transmissão de alta-tensão da AES Eletropaulo e, em outra parte, com uma área de servidão de um oleoduto da Petrobras, compreendendo outros dois corredores subutilizados. Ambos os locais foram incorporados ao parque para a colocação de equipamentos e praça de eventos. Apesar de o projeto ser bem-sucedido e acolhido pela comunidade, não se observa o mesmo na gestão do parque. Três anos após a sua inauguração, o local carece de manutenção mais adequada e periódica, pois alguns pontos de lazer, atualmente, já se encontram completamente deteriorados (Figura 74).

Figura 74. Parque da Integração, na cidade de São Paulo: um dos locais do parque, que possui quadra poliesportiva, *playground* e mobiliário urbano, que necessita de melhor manutenção. Foto: Patrícia Sanches.

CONVERSÃO DE ÁREAS DEGRADADAS EM ÁREAS VERDES 95

Figura 75. Ciclovia de Sorocaba, no estado de São Paulo, em trechos de servidão de passagem de linhas de alta-tensão, que antes estavam subutilizados e abonadonados. Foto: Leonardo Ferreira de Lima.

Figura 76. Ciclovia e agricultura urbana convivem no mesmo espaço, que antes estava subutilizado. Foto: Leonardo Ferreira de Lima.

Ainda na temática de área com infraestrutura ociosa ou subutilizada, merecem destaque as intervenções paisagísticas e de lazer embaixo das linhas de alta-tensão que a Prefeitura de Sorocaba, no estado de São Paulo, em conjunto com a Companhia Paulista de Força e Luz (CPFL), vem realizando de forma estratégica e sistemática, no plano cicloviário da cidade há seis anos. São mais de 5 km de ciclovias construídas sob os linhões, em locais que antes eram degradados, desvalorizados e que geravam insegurança e descontentamento aos moradores locais. O aproveitamento e a ocupação dessas áreas, de forma inteligente e com baixa manutenção, impediu a ocupação irregular, valorizou o entorno imediato e melhorou a mobilidade, elevando Sorocaba à posição de segunda cidade com maior rede cicloviária do país, perdendo apenas para o Rio de Janeiro.

Áreas industriais

A recuperação de áreas industriais tem se tornado um assunto emergente, uma vez que a maioria possui algum tipo de contaminação. A conversão desses locais em novas áreas verdes é uma das opções de reutilização que, muitas vezes, se apresenta como a mais viável no processo de remediação e controle de contaminantes.

Vamos examinar, agora, exemplos de áreas industriais que foram revitalizadas e transformadas em áreas verdes.

O primeiro caso é o do Duisburg-Nord Landscape Park, no vale do Rhur, Alemanha. A região foi um dos principais centros de extração de carvão e produção de aço. Após o declínio das atividades industriais na década de 1960, a região entrou em processo de decadência e degradação.

A partir da iniciativa do governo local (North Rhine-Westphalia), decidiu-se estabelecer um plano de recuperação e revitalização da região de 1989 a 1999, definindo os principais objetivos: transformação ecológica e revitalização da paisagem degradada, renaturalização do rio Emscher, redesenvolvimento dos *brownfields*, conservação da herança industrial, construção de modelo de habitação acessível e promoção da indústria cultural e das artes.

O Parque Duisburg-Nord é um dos resultados práticos dessas ações voltadas para a revitalização da região do Rhur. O arquiteto do projeto, Peter Latz, aproveitou todas as construções remanescentes da antiga siderúrgica ThyssenKrupp Konzernarchiv, que operou de 1901 até 1985, integrando as ruínas industriais com os elementos naturais, recreação, lazer e cultura. Pontes, depósitos vazios e casas de máquinas, tanques de gás e até mesmo o traçado da antiga linha de trens – tudo foi preservado e integrado ao novo parque de 2,3 milhões de m². O antigo alto-forno transformou-se em teatro ao ar livre, o tanque de gás, em treinamento de mergulho, depósitos de carvão, em paredes de escalada. Alves (2003) ressalta que o projeto "tira partido da feiura e do grotesco, principalmente das instalações industriais, como algo especial, diferente e interessante".

Figura 77. Originalmente, no local do Duisburg-Nord Landscape Park, na Alemanha, funcionou a siderúrgica Meiderich. A foto mostra a fábrica em funcionamento em 1956. Foto: Jürgen Dreide, cedida pelo acervo de Landschaftspark.

Figura 78. Siderúrgica Meiderich, na Alemanha, já fechada em 1985, antes da criação do Duisburg-Nord Landscape Park. Foto: Jürgen Dreide, cedida pelo acervo de Landschaftspark.

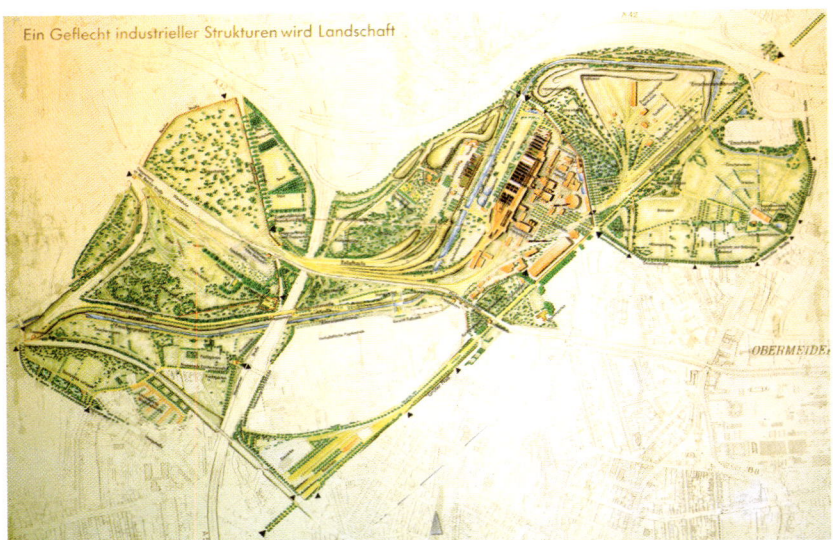

Figura 79. Master Plan do Duisburg-Nord Landscape Park, na Alemanha. Fonte: acervo de Latz +Partner.

CONVERSÃO DE ÁREAS DEGRADADAS EM ÁREAS VERDES 99

Figura 80. Vista panorâmica do Duisburg-Nord Landscape Park, na Alemanha. Foto: Uwe Becker, cedida pelo acervo de Landschaftspark.

Figura 81. Vista geral do Duisburg-Nord Landscape Park, na Alemanha. Foi mantida grande parte da história do local, preservando antigas instalações industriais e integrando-as ao parque. Foto: Ken Mccown.

Figura 82. Vista do canal renaturalizado e a formação de alagados (*wetlands*) em Duisburg-Nord Landscape Park, na Alemanha. Foto: Jörn Schiemann.

Figura 83. Duisburg-Nord Landscape Park, na Alemanha. Vista de uma das passarelas que permite a visão panorâmica do parque; ao fundo, as antigas instalações industriais que foram mantidas. Foto: Jörn Schiemann.

Além disso, o parque tem espaços para atividades culturais, como discoteca, teatro, áreas para festas, cinema ao ar livre e atividades recreativas e esportivas, como *playground*, trilhas para caminhada, ciclismo, escalada nas antigas ruínas e aulas de mergulho no antigo tanque.

O canal poluído do rio Emscher, que corta o parque de ponta a ponta, foi renaturalizado, despoluído e transformado em alagados construídos (*wetlands*), e uma área mais preservada e de acesso restrito, que sofreu pouca perturbação, está em processo de regeneração natural, abrigando diversas espécies da fauna (Kunzmann, 2004; Morinaga, 2007).

Figura 84 e Figura 85. As ruínas do parque transformaram-se em paredões de escalada. Foto: Horst Neuendorf, cedidas pelo acervo de Landschaftspark

Figura 86. Shows e eventos culturais durante o verão nas áreas livres, no Duisburg-Nord Landscape Park, na Alemanha. Foto: Alexander Kranki, cedida pelo acervo de Landschaftspark.

Figura 87. Antiga área industrial ociosa em Menomonee Valley, junto ao rio, em Milwaukee, em Chicago, antes das intervenções de revitalização.
Foto: David Schalliol.

Menomonee Valley, em Milwaukee, é um caso semelhante ao do vale do Rhur, pela atuação significativa que tinha no setor industrial do estado de Wisconsin, em razão da sua localizaçao estratégica e do fácil acesso ao lago Michigan para escoamento da produção (Figura 87). Com o declínio das atividades industriais no local, a região de 4 milhas de extensão localizada na região central de Milwaukee tornou-se um dos maiores *brownfields* do estado, totalizando 140 acres de terras ociosas, subutilizadas e contaminadas (Figura 87).

Após longo período de abandono, o poder público percebeu o potencial de revitalização que essa área guardava, por sua localização central, rica infraestrutura de transportes e oferta de mão de obra. Em 1998, com o apoio e parceria da organização não governamental Menomonee Valley Partners Inc. e Urban Ecology Center, foi desenvolvido um plano de revitalização que definiu um novo uso do solo e estabeleceu as principais diretrizes e o programa de uso para a sustentabilidade do local: remediação da área contaminada, implantação de infraestrutura e transporte, construção de edifícios de uso misto e de espaços livres e restauração do hábitat natural e do rio.

Desde 2009, 300 acres de *brownfields* foram remediados e destinados a novos usos, 35 empresas e escritórios já se instalaram no local, gerando 4,7 mil novos empregos. O projeto conta com 24 ha de áreas verdes, e uma de suas funções é a retenção das cheias do rio. Além disso,

CONVERSÃO DE ÁREAS DEGRADADAS EM ÁREAS VERDES 103

Figura 88. Vista do parque junto ao rio Menomonee, em Milwaukee, em Chicago. Ao fundo, as estruturas e ruínas remanescentes que foram mantidas como testemunhas de um passado industrial. Foto: Patrícia Sanches.

Figura 89. Rio Menomonee, em Milwaukee, em Chicago, revitalizado e com mata ciliar restaurada. Foto: Patrícia Sanches.

outras obras já estão em andamento: novas áreas verdes para retenção das águas da chuva e um sistema de drenagem natural com biovaletas, três passarelas de pedestres e ciclistas para transposição do rio, 11 km de passeios e pistas de caminhada e 45 acres de espécies nativas plantadas (Landscape Architecture Foudantion) (Figura 88 e Figura 89).

No final de 2012, 90% dos recursos financeiros já estavam garantidos para o prosseguimento do projeto de revitalização, e a maior contribuição vem do poder público (Menomonee Valley Partners, Inc.).

104 DE ÁREAS DEGRADADAS A ESPAÇOS VEGETADOS

Figura 90. Topo, imagem aérea do Parque Citroën, em Paris. Foto: Philippe Loeb.

Figura 91. Acima, vista de um dos jardins do Parque Citroën, em Paris. Foto: Alessio Cucu.

Figura 92. Ao lado, jatos de água que saem do piso e refrescam os usuários no Parque Citroën, em Paris. Foto: Thierry Reboton.

Outra referência que vale a pena citar é o Parque Andre Citroën, em Paris, construído na antiga fábrica automobilística de mesmo nome e inaugurado em 1992. O parque, cujo projeto é de Alain Provost e Gilles Clément, tem 14 ha e é considerado um exemplo da nova geração de parques e espaços públicos na região metropolitana de Paris (Figura 90 e Figura 91).

Observa-se também que existem áreas industriais abandonadas em torno de cursos d'água, como é o caso da recuperação ou restauração de matas ciliares ao longo de córregos e nascentes, alagados naturais em várzeas (*wetlands*), ou mesmo a criação de alagados artificias, que foram construídos em áreas degradadas, mas com potencial para reter e retardar a vazão das águas pluviais, atenuando os picos de cheias e evitando a sobrecarga da rede hídrica.

Don Valley Brick Work, em Toronto, ilustra bem esse tipo de intervenção. Desde 1889, o local abrigava uma olaria – que fechou em 1984, restando apenas as ruínas da fábrica e as cavas de extração de argila e areia (Figura 93). Como a área originalmente já tinha características de várzea, sendo cortada pelo afluente do rio Don – o córrego Mud –, o poder público, em meados da década de 1990, adquiriu a área e aproveitou essa condição para a construção de alagados com a função de filtrar as águas da chuva antes que seguissem para o rio Don, assim como para a

Figura 93. Imagem histórica da cava de extração de argila e areia da antiga olaria Brickworks, na época em funcionamento, em Toronto. Foto: autoria desconhecida.

Figura 94. Vista do Parque Don Valley Brick Work, em Toronto, com alagados (*wetlands*) criados no local que originalmente foi a cava de extração da antiga olaria. Foto: Michelle King.

Figura 95. Alagados construídos do Parque Don Valley Brick Work, em Toronto. Ao fundo, remanescentes da antiga olaria que hoje abriga atividades culturais e ambientais. Foto: Patrícia Sanches.

Figura 96. Alagados (*wetlands*) construídos nas áreas de escavação do Don Valley Brickworks Park, em Toronto. Foto: Tracy Smith.

restauração ecológica do ecossistema local e a restauração arquitetônica dos edifícios (Figura 94), o que transformou o local em um parque com trilhas interpretativas e eventos culturais e de lazer, além de valorizar o patrimônio histórico-arquitetônico (Figura 94 à Figura 96). No próximo capítulo, esse projeto será mais bem detalhado.

Outros usos

A origem diversa das áreas degradadas demonstra o grande potencial e as inúmeras possibilidades de sua revitalização. Os exemplos mostrados a seguir são originários de outros usos distintos daqueles citados anteriormente.

O primeiro deles é o Parque da Juventude, construído no antigo Complexo da Penitenciária do Carandiru, localizado na região central da cidade de São Paulo (Figura 97). Em virtude dos inúmeros problemas de gestão, histórico de mortes, rebeliões, fugas, e também pelo fato de o conjunto de edifícios ser oneroso e obsoleto, o governo decidiu desativar e implodir parcialmente as construções em 2002, revitalizando e transformando o espaço em um parque público.[19]

O parque, cujo projeto é do arquiteto Gasperini e da arquiteta paisagista Rosa Kliass, tem 240 mil m² e foi construído em parceria com a Secretaria Estadual de Esporte, Lazer e Turismo. A entrega da obra foi dividida em três fases: Parque Esportivo, com caráter recreativo-esportivo, inaugurado em 2003 (Figura 99 à Figura 101); Parque Central, com função recreativa e contemplativa (Figura 102); e Parque Institucional, com caráter educativo e cultural, onde estão localizadas as escolas técnicas e a biblioteca (Figura 103).

Assim como nos exemplos de áreas industriais que foram convertidas em parque, o Parque da Juventude preserva algumas ruínas das antigas instalações da penitenciária como forma de preservação histórica do local (Figura 104 e Figura 105).

O segundo caso é a praça Victor Civita, em São Paulo, inaugurada em 2008, com uma área de 13.648 m². O local, situado no bairro de Pinheiros, abrigava, antes, um antigo incinerador de resíduos domiciliares, hospitalares e industriais, que funcionou de 1949 a 1989. Posteriormente a área passou a ser ocupada por cooperativas de reciclagem que per-

---

19 Informações extraídas de "Carandiru tem fim com implosão hoje às 11h", em *Folha de S.Paulo*, caderno Cotidiano, 8-12-2002.

Figura 97. Antes do Parque da Juventude: Penitenciária do Carandiru desativada, São Paulo. Foto: Eduardo Ogata.

Figura 98. Parque da Juventude, na cidade de São Paulo. Após a implosão, alguns edifícios foram mantidos e transformados em centros educacionais técnicos. Foto: Patrícia Sanches.

Figura 99. Praticantes na pista de esqueite na área esportiva do Parque da Juventude, em São Paulo. Foto: Patrícia Sanches.

Figura 100. Área com quadras poliesportivas no Parque da Juventude, em São Paulo. Foto: Patrícia Sanches.

Figura 101. Pistas de caminhada e aparelhos de ginástica no Parque da Juventude, em São Paulo.
Foto: Patrícia Sanches.

Figura 102. Parque da Juventude, em São Paulo: áreas abertas de gramado e maciços arborizados, ao fundo, para lazer, recreação e contemplação.
Foto: Patrícia Sanches.

Figura 103. Biblioteca de São Paulo, que integra a área Institucional do Parque da Juventude, em São Paulo. Foto: Patrícia Sanches.

Figura 104. Acima, passarela instalada entre as ruínas que indicam a tentativa de construir celas solitárias, mantidas para preservar o histórico do antigo Carandiru. Parque da Juventude, em São Paulo. Foto: Patrícia Sanches.

Figura 105. Ao lado, estrutura metálica com 600 m, que leva até a muralha, que foi preservada da antiga Casa de Detenção do Carandiru. Parque da Juventude, em São Paulo. Foto: Patrícia Sanches.

Figura 106. Vista aérea do antigo incinerador antes da construção da praça Victor Civita, em São Paulo.
Foto: Ricardo Vendramel.

maneceram no terreno até o final de 2006, o que agravou ainda mais a contaminação do solo.

A iniciativa de recuperar e revitalizar o local surgiu da parceria entre a Prefeitura de São Paulo e a Editora Abril, cuja sede se localiza ao lado do antigo incinerador, e também contou com o apoio e patrocínio de outras entidades para a construção da praça. Com autoria do escritório Levisky Arquitetos Associados e paisagismo de Benedito Abbud, o conceito do projeto se desenvolve em torno da criação de um espaço multidisciplinar de reflexão, inspiração e informação sobre as questões ambientais e urbanas, originadas a partir da revitalização de uma área urbana degradada.

O problema da contaminação foi solucionado com o acréscimo de uma camada de 50 cm de solo para controlar os processos de contaminação, isolar alguns pontos perigosos e construir superfícies de proteção para impermeabilizar esses locais. Nesse caso, um deque de madeira para o passeio e usos múltiplos foi concebido como forma de impedir o contato direto com o solo degradado (Figura 107).

Além de oferecer espaços arrojados, o local fomenta o uso de tecnologias limpas e sustentáveis, como a implantação do sistema de tratamento

Figura 107. Deque de madeira que ocupa boa parte da área do parque e impede o contato do usuário com o solo na praça Victor Civita, em São Paulo. Foto: Patrícia Sanches.

Figura 108. Atividades esportivas, de lazer e de recreação, como prática de ioga, no deque da praça Victor Civita, em São Paulo. Foto: Patrícia Sanches.

Figura 109. Os jardins com fins educacionais estão estruturados sobre o tecgarden, um sistema elevado do solo que possui um reservatório de água da chuva para a irrigação das plantas por capilaridade. Praça Victor Civita, em São Paulo. Foto: Patrícia Sanches.

CONVERSÃO DE ÁREAS DEGRADADAS EM ÁREAS VERDES 113

Figura 110. Praça Victor Civita, em São Paulo, com os jardins tecgarden e, ao fundo, o antigo incinerador que foi convertido em museu e espaço multiúso para exposições e atividades culturais. Foto: Patrícia Sanches.

Figura 111. Espelho d'água com plantas aquáticas, que faz parte de uma das etapas do tratamento das águas cinza para reúso. Praça Victor Civita, em São Paulo. Foto: Patrícia Sanches.

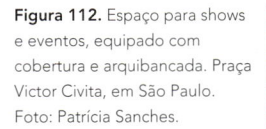

Figura 112. Espaço para shows e eventos, equipado com cobertura e arquibancada. Praça Victor Civita, em São Paulo. Foto: Patrícia Sanches.

e reúso das águas cinza. Uma das etapas desse sistema é o tratamento com plantas aquáticas do espelho d'água que contorna o antigo edifício de incineração (Figura 111). Há jardins educativos, com espécies aromáticas, medicinais e algumas utilizadas na produção de biodiesel. Esses jardins estão elevados, sem contato com o solo e são mantidos por um sistema de irrigação das águas da chuva por capilaridade, denominado tecgarden (Figura 109 e Figura 110).

Hoje, o local é o principal ponto de encontro de atividades culturais, como shows e espetáculos, e centro de referência para visitas e atividades de educação ambiental. (Figura 112).

O Parque da Gleba E, no bairro da Barra da Tijuca, no Rio de Janeiro, mencionado no início deste capítulo, é um ótimo exemplo de recuperação de uma área vazia que se degradou enquanto esteve à espera de desenvolvimento, ficando com o solo exposto (Figura 113). O projeto, concebido na década de 1990, consistiu na criação de áreas verdes como medida compensatória, exigida pelo órgão ambiental local em virtude da construção de um grande complexo de condomínios residenciais, totalizando 64 edifícios. O grande diferencial dessas novas áreas verdes é a proposta de restauração do ecossistema local (restinga e mangue) em toda a extensão do parque (Figura 114 à Figura 117). O empreendimento tem uma área de 657 mil m², e o projeto paisagístico é de Fernando Chacel.

Figura 113. Vista aérea da área degradada onde hoje estão um condomínio residencial e o Parque da Gleba E, na Barra da Tijuca. Foto: Celso Brando.

CONVERSÃO DE ÁREAS DEGRADADAS EM ÁREAS VERDES   115

Figura 114 e Figura 115. Acima e topo à direita, parque da Gleba E, na Barra da Tijuca: caminhos internos e mata de restinga e mangue.
Fotos: Patrícia Sanches.

Figura 116 e Figura 117. Ao lado e abaixo, áreas de lazer e caminhada no Parque da Gleba E, na Barra da Tijuca.
Fotos: Patrícia Sanches.

Em âmbito nacional, um exemplo de recuperação de áreas alagadiças em várzeas (*wetlands*) com o potencial de reter e retardar a vazão das águas pluviais, atenuando os picos de cheias e evitando a sobrecarga da rede hídrica, tal como o projeto Don Valley Brick Work, na cidade de Toronto, são as iniciativas empreendidas na cidade de Sorocaba, no estado de São Paulo.

Por meio da ação da Secretaria de Obras, em conjunto com o Serviço Autônomo de Água e Esgoto (SAEE), algumas das APPs degradadas e localizadas ao longo de cursos d'água foram alvo de intervenção e transformaram-se em parques com bacias de retenção para controlar a vazão dos córregos em períodos de cheia. Exemplos desse tipo de projeto são: (1) o Parque Campolim (Parque Carlos Alberto de Souza), com 96 mil m^2; (2) o Parque das Águas (Parque Maria Barbosa Silva), ambos com lagoas de retenção, retardo das águas pluviais e conexão com os córregos; (3) o Parque dos Estados, cuja obra já está em andamento e tem como função a retenção das águas; e (4) o Parque Kasato Maru, no qual houve o alargamento do leito do rio e onde bacias de sedimentação foram criadas com a função de purificar a água.

Todos os parques receberam intervenções paisagísticas em suas margens, valorizando a vegetação nativa. Além disso, foram exploradas diversas formas de lazer e contemplação próximo aos espelhos d'água, como pistas de caminhada, deques, bancos e mirantes, o que aproximou a população de suas águas e, ao mesmo tempo, contribuiu para a conscientização ambiental dos usuários.

CONVERSÃO DE ÁREAS DEGRADADAS EM ÁREAS VERDES   117

Figura 118. Acima, à esquerda, o alargamento do leito do córrego do Parque Kasato Maru, na cidade de Sorocaba, funciona como bacias de sedimentação para retenção e melhoria da qualidade das águas. Foto: Leonardo Ferreira de Lima.

Figura 119. Acima, à direita, uma das bacias de retenção junto ao córrego, formando um sistema único (sistema *in line*), no Parque Campolim, um dos mais frequentados em Sorocaba. Foto: Leonardo Ferreira de Lima.

Figura 120. Ao lado, trecho mais estreito das bacias de retenção do Parque Campolim, na cidade de Sorocaba. Foto: Leonardo Ferreira de Lima.

Figura 121. Abaixo, vista panorâmica do Parque das Águas, em Sorocaba. Foto: Leonardo Ferreira de Lima.

Figura 122. À esquerda, lago do Parque das Águas, em Sorocaba: construído com a função de receber as águas pluviais das ruas do bairro adjacente ao parque, de forma a retardar a vazão para o rio Sorocaba. Foto: Leonardo Ferreira de Lima.

Figura 123. À direita, pista de caminhada e lago do Parque das Águas, na cidade de Sorocaba; ao fundo, áreas com equipamentos de lazer e recreação. Foto: Leonardo Ferreira de Lima.

Um exemplo pontual que vale a pena ser mencionado é a praça Fernando Cardoso da Silva, em São Bernardo do Campo, na região metropolitana de São Paulo. Localizada no encontro de dois cursos d'água (Ribeirão dos Couros e Linha Camargo), essa área enfrenta problemas de enchente, principalmente em virtude da canalização e do estreitamento a montante de um dos córregos. Anteriormente, o local foi aterrado com resíduos de construção civil e, por muitos anos, serviu de estacionamento para caminhões de uma transportadora, o que aumentou a impermeabilização e agravou o problema das enchentes, que se tornaram ainda mais constantes.

Apesar dos problemas ambientais e infraestruturais de drenagem urbana extrapolarem a área de intervenção, o objetivo do Departamento de Parques e Jardins da Prefeitura de São Bernardo do Campo era intervir no local com um projeto de baixo impacto e baixo custo, utilizando estratégias paisagísticas de drenagem para reter e aumentar a percolação das águas da chuva no subsolo, visando, assim, a minimização das enchentes e a melhoria da qualidade da água. Buscava ainda criar hábitats adequados para atrair a avifauna e proporcionar recreação e lazer à

Figura 124. Praça Fernando Cardoso da Silva, em São Bernardo do Campo, antes da revitalização e criação da praça. O local foi aterro de resíduos e, posteriormente, estacionamento para os caminhões de uma transportadora. Foto: Patrícia Sanches.

Figura 125. Importante rota de pedestre que liga São Bernardo a Diadema, antes da revitalização e criação da praça Fernando Cardoso da Silva, em São Bernardo do Campo. Foto: Patrícia Sanches.

comunidade, além de estimular e fomentar a conscientização e educação ambiental dos moradores.

Como estratégias paisagísticas de drenagem, foram criadas bacias de detenção e biovaletas interligadas, que recebem as águas pluviais provenientes da própria praça e da rua contígua. Em dias normais, quando não estão cheias, as bacias de detenção e as biovaletas fazem parte dos jardins da praça, nos quais foram plantadas espécies tolerantes a períodos de estiagem e de inundação. Foi construído também um dique ao longo de todo o perímetro da praça, que faz divisa com os dois córregos, impedindo que, nas cheias, as águas fluviais, que ainda estão poluídas, adentrem a praça. Quando o nível dos dois córregos volta ao normal, as águas das bacias que não percolaram pelo subsolo são liberadas aos poucos, por meio de tubos que se conectam com o leito dos cursos d'água. A pista de caminhada foi construída sobre o dique e os equipamentos de lazer e recreação também se situam nas partes altas da praça.

A obra teve início em 2010 e sua inauguração ocorreu em 2011. O que se esperava com essa intervenção era que seus resultados positivos se tornassem uma referência e estratégia paisagística, e levassem a

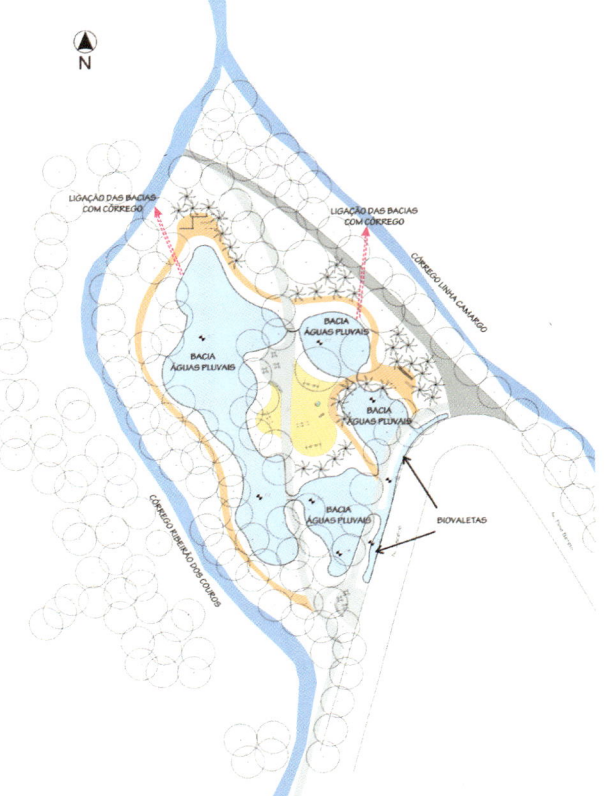

Figura 126. Planta de implantação da função de drenagem da praça Fernando Cardoso da Silva, em São Bernardo do Campo, constituída principalmente de biovaletas e bacias pluviais interligadas.

Figura 127. Vista geral da praça Fernando Cardoso da Silva, em São Bernardo do Campo.
Foto: Patrícia Sanches.

CONVERSÃO DE ÁREAS DEGRADADAS EM ÁREAS VERDES 121

Figura 128. Detalhe da biovaleta da praça Fernando Cardoso da Silva, em São Bernardo do Campo. Foto: Patrícia Sanches.

Figura 129. Biovaletas da praça Fernando Cardoso da Silva, em São Bernardo do Campo, que recebem as águas pluviais do escoamento superficial das ruas adjacentes. Foto: Patrícia Sanches.

Figura 130. Equipamentos de ginástica instalados nas partes mais altas da praça Fernando Cardoso da Silva, em São Bernardo do Campo, destinadas às atividades de recreação e práticas físicas. Foto: Patrícia Sanches.

Figura 131. Vista de uma das maiores bacias vegetadas da praça Fernando Cardoso da Silva, em São Bernardo do Campo. A vegetação escolhida é adaptável a longos períodos de estiagem e a momentos de alagamento. Foto: Patrícia Sanches.

Figura 132. Vista de uma das maiores bacias vegetadas da praça Fernando Cardoso da Silva, em São Bernardo do Campo, em períodos de seca. Foto: Patrícia Sanches.

Figura 133. Praça Fernando Cardoso da Silva, em São Bernardo do Campo: à direita, biovaleta interligada à primeira bacia de águas pluviais, à esquerda. Foto: Patrícia Sanches.

gestão pública a uma mudança de concepção sobre a dinâmica que se estabelece entre os rios urbanos e as áreas verdes.

Há também o impressionante caso do rio Cheonggyecheon, na cidade de Seul (Coreia do Sul), um exemplo de despoluição, recuperação e revitalização do rio e suas margens, inseridos em uma malha urbana muito consolidada e altamente construída.

Segundo Oliveira (2009), a recuperação do rio Cheonggyecheon é considerada uma referência mundial em humanização de cidades, não só pela despoluição de suas águas, mas também pela construção de um parque linear que devolveu o contato dos moradores com suas margens,

CONVERSÃO DE ÁREAS DEGRADADAS EM ÁREAS VERDES 123

Figura 134. Vista do rio Cheonggyecheon, em Seul: após a revitalização, caminhos, passeios e vegetação ao longo do rio despoluído. Foto: Kyle Nishioka, via Wikimedia Commons.

Figura 135. Com a obra de revitalização do rio Cheonggyecheon, a cidade de Seul ganhou uma nova e deslumbrante vista, além de um local de encontro e de lazer. Foto: Wai Hoe Tham.

Figura 136, Figura 137 e Figura 138.
A revitalização do rio Cheonggyecheon, em Seul, transformou a paisagem, trazendo de volta a natureza e possibilitando à população acercar-se do rio.
Fotos: Mark Johnson.

em uma cidade que é a sétima maior do mundo em número de habitantes (10,3 milhões de pessoas).[20]

O rio Cheonggyecheon era coberto por avenidas largas, sobre as quais havia um viaduto, o que tornava a região muito degradada em termos ambientais. Com a decisão de revitalizar o rio, o governo enfrentou diversas oposições, principalmente a dos comerciantes locais, que tiveram de ser realocados. O concreto do viaduto derrubado foi reciclado, e as obras de recuperação foram iniciadas em meados de 2003. Três anos depois, parte do canal de 80 m de largura foi aberto ao público e, em 2009, o projeto foi concluído, com a entrega de 40 ha de áreas verdes aos moradores, distribuídos ao longo de 8 quilômetros de extensão.

Após várias consultas à população, o urbanista Kee Yeon Hwangue desenvolveu o projeto de recuperação ambiental e urbanística do local (Figura 134 à Figura 137).

MAIS ALGUMAS PALAVRAS

Todas as intervenções apresentadas não deixam de ser ações estratégicas que visam a recuperação e revitalização dos espaços urbanos em termos ecológicos, socioambientais e econômicos. O pesquisador Ahern (2007) teorizou essas ações, denominando-as ativas ou oportunistas.

O conceito de estratégias ativas é aplicado àquelas que geralmente estão vinculadas a um alto investimento; muito utilizadas em países desenvolvidos, suas ações de revitalização e restauração ecológica trazem de volta a natureza a locais hostis e degradados, como verificado nos projetos do Highline, em Nova York; Bloomingdale, em Chicago; rio Cheonggyecheon, em Seul; e da praça Victor Civita, em São Paulo.

Outro tipo de estratégia é a oportunista, que não demanda intervenções necessariamente muito custosas, porque tira proveito de uma situação parcialmente estabelecida, alçando bons resultados com pequenas melhorias, intervenções ou enriquecimento da vegetação existente, tal como as ciclovias embaixo da linha de alta-tensão e as bacias de retenção na cidade de Sorocaba, no Parque da Integração Zilda Arns, em São Paulo, ou nos parques de Curitiba, instalados nas antigas áreas de mineração.

---

20 E. Oliveira, "Revitalização (impressionante) do rio Cheonggyecheon (Coreia do Sul)", em *Revista Sustenta*, maio de 2009.

A seguir apresentamos um quadro-resumo de todos os projetos analisados, com a localização de cada um e o tipo de uso anterior à recuperação e conversão desses espaços em áreas verdes.

Projetos	Local	Tipo ou uso original da área degradada
Parques de Curitiba: Tanguá, Bosque Zaninelli, Parque das Pedreiras	Curitiba, Brasil	Mineração
Palmisano Park (Stearns Quarry)	Chicago, EUA	Mineração
Boston Millenium Park	Boston, EUA	Mineração
Ariel Sharon Park	Tel Aviv, Israel	Aterro de resíduos
Freshkills Park	Nova York, EUA	Aterro de resíduos
Parque Villa-Lobos	São Paulo, Brasil	Aterro de resíduos
Promenade Plantée	Paris, França	Infraestrutura: ferrovia
Highline	Nova York, EUA	Infraestrutura: ferrovia
Bloomingdale	Chicago, EUA	Infraestrutura: ferrovia
Natur-Park Schöneberger	Berlim, Alemanha	Infraestrutura: ferrovia
Parque da Integração Zilda Arns	São Paulo, Brasil	Infraestrutura: adutora
Ciclovias urbanas	Sorocaba, Brasil	Infraestrutura: linha de alta-tensão
Duisburg-Nord Landscape Park	Vale do Rhur, Alemanha	Área industrial
Menomonee Valley	Milwaukee, EUA	Área industrial
Parque Citroën	Paris, França	Área industrial
Don Valley Brickworks	Toronto, Canadá	Área industrial (olaria)
Parque da Juventude	São Paulo, Brasil	Outros usos: penitenciária
Praça Victor Civita	São Paulo, Brasil	Outros usos: incinerador de resíduos
Parque Gleba E	Rio de Janeiro, Brasil	Outros usos: terreno baldio
Parque Campolim, Parque das Águas, Parque dos Estados e Parque Kasato Maru	Sorocaba, Brasil	Outros usos: margens degradadas de curso d'água
Parque Continental	São Bernardo do Campo	Outros usos: aterro de resíduos e estacionamento de caminhões
Rio Cheonggyecheon	Seul, Coreia do Sul	Outros usos: margens degradadas de curso d'água

Apesar de os exemplos de recuperação de áreas degradadas vistos até agora serem casos pontuais ou isolados, eles ilustram a viabilidade de transformação de terras ociosas, abandonadas ou subutilizadas em áreas verdes, trazendo dinamicidade e vivacidade ao tecido urbano. São experiências de sucesso, apoiadas ou propostas pela comunidade, que, em sua maioria, tiveram o investimento inicial do poder público complementado por recursos da iniciativa privada.

A diversidade de tais áreas resulta em um leque de opções e possibilidades que podem ser trabalhadas em conjunto, tendo em vista a construção de um plano estratégico de recuperação, melhoria e ampliação do sistema de áreas verdes urbanas. Sousa (2004) ressalta em seus estudos que a possibilidade de criar áreas verdes com diferentes tamanhos e tipos é um componente importante para o desenvolvimento de estratégias de melhoria da condição do ambiente urbano e da qualidade de vida da população.

Observa-se que experiências práticas e lições sobre essa temática ocorrem tanto no âmbito nacional como internacional. Entretanto, em termos de pesquisas e política públicas, o Reino Unido, os Estados Unidos e o Canadá se destacam dos demais países. Algumas cidades não são apenas exemplos pontuais de recuperação de áreas degradadas tornadas áreas verdes; elas vão além dessa condição e começam a perceber as potencialidades e os benefícios de uma forma mais sistêmica e integrada, aproveitando as inúmeras funções das áreas verdes, entendidas agora como sistemas que compõem uma infraestrutura verde.

No próximo capítulo vamos abordar, por meio de estudos de referência, essa visão mais integrada da cidade, assim como a correlação entre um plano de recuperação e conversão de áreas degradadas em espaços vegetados e as funções e princípios da infraestrutura verde.

A INFRAESTRUTURA VERDE APLICADA NA RECUPERAÇÃO E REVITALIZAÇÃO DE ÁREAS DEGRADADAS

O QUE É INFRAESTRUTURA VERDE URBANA?

Os espaços vegetados, entendidos como parte da infraestrutura verde urbana, integram uma nova estratégia para estruturar os espaços naturais e aqueles ambientalmente recuperados no processo de planejamento e projeto da cidade. Sua aplicação já é uma realidade em muitas regiões e cidades do mundo, e o sucesso da implantação e do funcionamento da infraestrutura verde é acompanhado da percepção de ganhos sociais, econômicos e ambientais.

Atualmente, há uma extensa literatura sobre o significado do termo. Segundo Beneditc e McMahon (2002), a infraestrutura verde urbana é definida como uma rede de espaços naturais ou recuperados que, interconectados, preservam os valores e as funções do ecossistema natural e oferecem serviços às cidades. Não se trata, no entanto, do sistema convencional de espaços livres e áreas verdes, mas sim de ações, em conjunto com a gestão, que consideram o crescimento local ou regional. A terminologia "infraestrutura" se explica por sua contribuição nas funções de base estrutural da cidade, como os sistemas viário, de energia ou de abastecimento de água (Pellegrino, 2006), que contribuem para o bom funcionamento da cidade e atendem aos padrões mínimos de habitabilidade, qualidade de vida e saneamento básico. Dessa mesma forma, a função da infraestrutura verde deve ser vista em conjunto com outras infraestruturas, que atuam no atendimento:

- da mobilidade e acessibilidade, ao direcionar e estruturar eixos de circulação e ao propiciar rotas alternativas específicas para pedestres e ciclistas;
- da drenagem das águas pluviais, ao regular o ciclo hídrico, atenuar os picos de cheia e conduzir as águas com segurança;
- do lazer, da recreação e do convívio social, além de serem espaços de contemplação;
- da manutenção do equilíbro dos processos ecológicos, da biodiversidade e da sustentabilidade dos ecossistemas, que contribuem para o aumento da conectividade dos fragmentos naturais.

Além dessas quatro funções estruturantes, Cormier (2008) cita o sistema metabólico da cidade, que está relacionado aos fluxos intraurbanos de energia e matéria. A agricultura urbana, nesse caso, é mencionada como exemplo desse sistema metabólico, utilizando as áreas verdes com um propósito produtivo, que atende às necessidades básicas de saúde do ser humano.

Assim, pode-se dizer que a infraestrutura verde urbana é o conjunto de sistemas de base que dá suporte à gestão e ao funcionamento sustentável da cidade, atendendo a questões ecológicas, hídricas, de circulação de pessoas, recreação e lazer e fluxo de suprimento de energia e alimento. Os principais componentes desses sistemas são os espaços abertos e vegetados, como parques, praças, corredores ecológicos, remanescentes florestais, alagados naturais e construídos, jardins e tetos verdes, que, aliados a tecnologias ambientais, promovem melhorias na qualidade ambiental e ganhos sociais e econômicos.

Atualmente está em andamento, em diversas cidades, um grande número de projetos de recuperação de áreas degradadas ao longo dos principais rios. Como muitas atividades industriais desenvolviam-se ao longo dos cursos d'água, observa-se também um cenário de terrenos vazios, estruturas abandonadas e subutilizadas nesses locais.

Apesar de as áreas de intervenção dos projetos de revitalização dos rios serem bem definidas e delimitadas, os benefícios podem ir além da revitalização e requalificação de suas margens, contribuindo para os processos naturais, como a regulação do ciclo hidrológico, o controle das cheias, a recarga das águas subterrâneas, a restauração do ecossistema aquático e a melhoria da qualidade das águas.

As cidades de Los Angeles e Toronto foram escolhidas para serem referências de estudo neste capítulo, pois se enquadram nessa situação. Com o objetivo de solucionar a degradação de diversas áreas urbanas, essas cidades apresentam projetos de grande porte em torno da revitalização dos rios, de forma estratégica e integrada, com a aplicação dos conceitos de infraestrutura verde.

O terceiro estudo de caso é a região metropolitana de Glasgow e Clyde Valley, na Escócia, que é cortada pelo rio Clyde. Diferentemente das duas cidades mencionadas, esta não adotou a revitalização do rio e do entorno imediato como principal foco de recuperação das áreas degradadas, mas sim toda a região metropolitana, propondo uma rede interconectada de áreas verdes.

A relação desses projetos com os conceitos e planos de infraestrutura verde, a disponibilidade farta e o fácil acesso às informações, além de suas diversas características (escalas, localização, tipos e origens das áreas degradadas, contexto socioculturais e estratégias de implementação dos programas e projetos do governo) oferecem um amplo repertório que serve de subsídio para a análise crítica das cidades brasileiras tanto na recuperação quanto na conversão de áreas degradadas em áreas verdes.

Glasgow e Clyde Valley

De acordo com a Figura 139, a região metropolitana de Glasgow e Clyde Valley, composta de sete municípios (West Dunbartonshire, East Dunbartonshire, Glasgow City, North Lanarkshire, South Lanarkshire, Renfrewshire e East Renfrewshire), está localizada na porção central da Escócia, na bacia do rio Clyde, um dos principais rios do país. Com uma área de 3.390 km², a região abriga uma população de 1,75 milhão de habitantes, e Glasgow representa 33% desse total. A região, economicamente, ocupa uma posição importante e estratégica para a Escócia, pois suas exportações representam quase a metade do total do país (Staples, 2006).

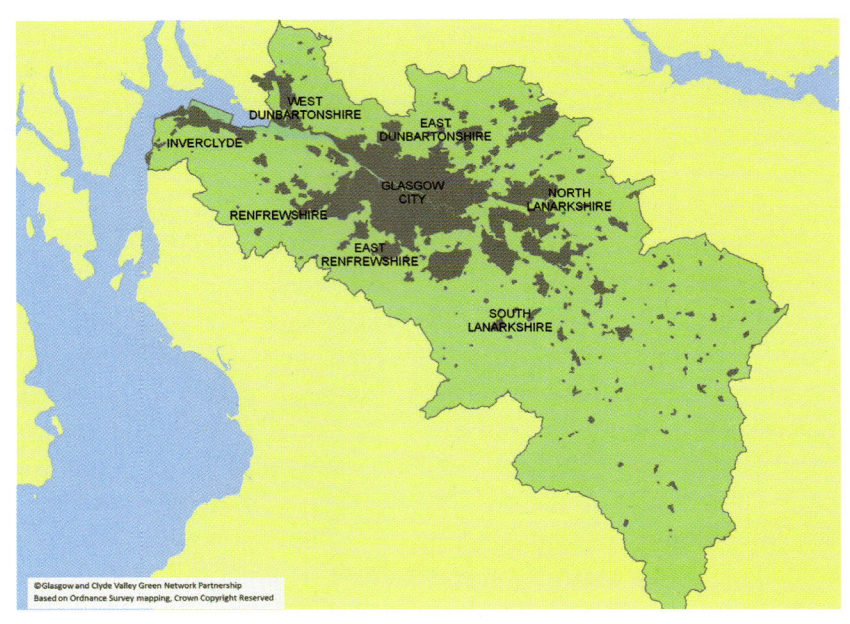

Figura 139. Mapa da região metropolitana de Glasgow e Clyde Valley com as manchas de ocupação urbana em cinza. Fonte: acervo de Glasgow & Clyde Valley Green Network.

Apesar dos bons indicadores de qualidade de vida, como o elevado índice de áreas verdes, a região metropolitana carrega os resquícios da decadência industrial, que ocorreu em meados da década de 1970 e 1980. Esse processo marcou muitas cidades europeias e americanas que tinham sua economia calcada na industrialização e passaram por uma reestruturação econômica, no qual o setor de serviços se tornou predominante. Como resultado desse cenário, existem ainda inúmeras áreas vazias e instalações abandonadas e degradadas em decorrência da desativação de plantas industriais pesadas (siderúrgicas, metalurgia, carvoarias, etc.).

A preocupação em tratar e revitalizar essas áreas e integrá-las novamente ao tecido urbano reflete-se nas políticas públicas das autoridades locais, que se traduzem em pesquisas, programas e ações voltados para a temática, como o inventário anual de áreas vazias e abandonadas que existem no país (*Scottish Vacant and Derelict Land Survey*). Na edição mais recente, de 2012, os municípios de North Lanarkshire, North Ayrshire e Glasgow ocupam as três primeiras posições, respectivamente, com maior número de áreas vazias (237 ha, 217 ha e 580 ha) e abandonadas (1142 ha, 1125 ha e 656 ha), como mostra o Gráfico 1. As áreas identificadas em North Lanarkshire representam 13% do total de áreas degradadas do país, North Ayrshire, 12%, e Glasgow, 11%.

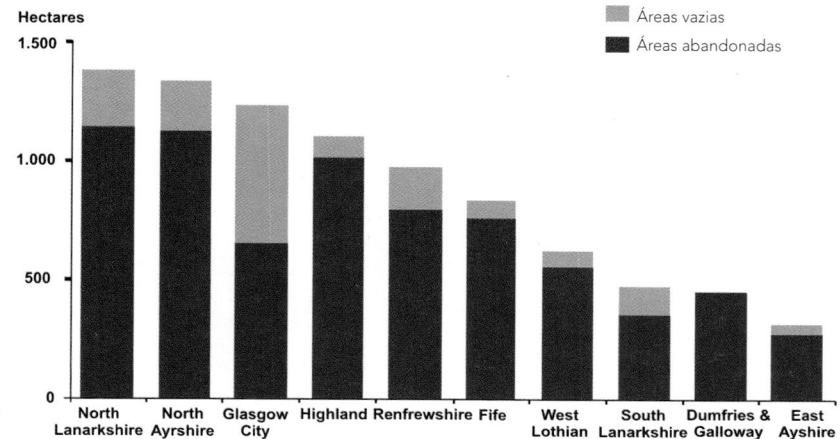

Gráfico 1. Proporção de áreas vazias e abandonadas da Escócia.
Fonte: adaptado de Scottish Vacant and Derelict Land Survey, 2012. Scottish Government Statistician Group, 2013.

Em 2006, foi lançado o plano diretor da região (*Glasgow and The Clyde Valley Joint Structure Plan*), que propõe uma agenda para o crescimento sustentável. Essa agenda identifica uma série de oportunidades que têm em vista transformar Glasgow e Clyde Valley em uma da melhores regiões para se investir, trabalhar e viver, colocando-as em uma posição competitiva no cenário escocês.

O plano diretor está dividido em ações de curto prazo (até 2011), médio prazo (de 2011 a 2018) e longo prazo (de 2018 a 2025) e possui quatro principais objetivos que se inter-relacionam: aumentar a competitividade econômica, promover a inclusão e integração social, manter e melhorar o ambiente natural e construído, e aumentar a integração do uso do solo e transporte. Uma das premissas do atendimento desses objetivos é priorizar a reutilização de áreas vazias e edifícios ociosos e a descontaminação de áreas degradadas.

O plano estabelece três estratégias: vetores de crescimento (*Corridor of Growth*), fortalecimento das comunidades (*Strengthening Communities*) e rede de áreas verdes (*Green Network*). A revitalização de áreas degradadas é considerada pela Green Network uma das diretrizes de conversão dessas áreas em espaços vegetados, que visam aumentar a qualidade ambiental do local e da vida da comunidade do entorno. Sua abrangência vai do centro de Glasgow a outros centros, como vilarejos e assentamentos rurais, e deve ser detalhada por planos locais e implementada por programas fomentados pelas agências públicas ambientais.

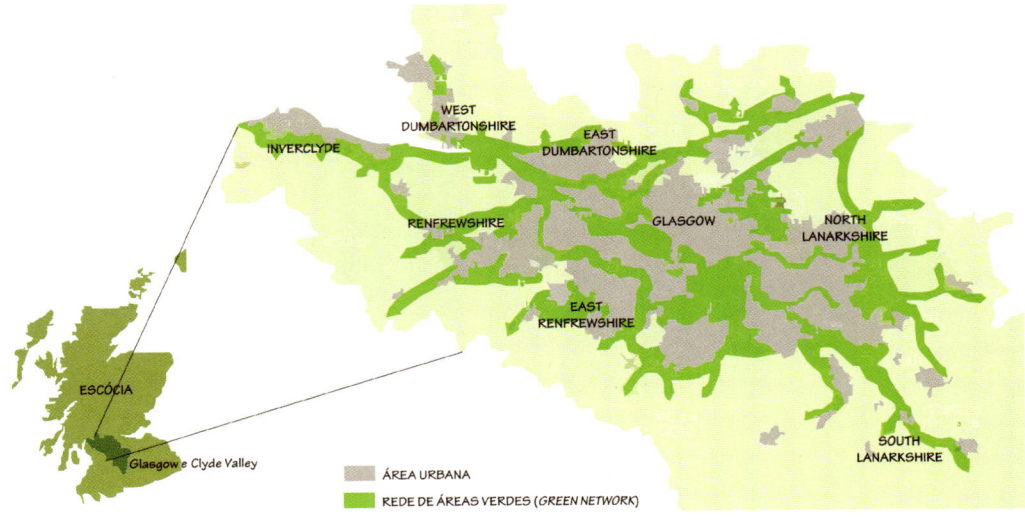

Figura 140. Rede de Áreas Verdes (*Green Network*) que faz parte do Plano Estrutural de Glasgow e Clyde Valley. Fonte: adaptado de *Glasgow and The Clyde Valley Joint Structure Plan*, 2006.

Para a criação e detalhamento do plano de rede de áreas verdes (*Green Network*), foi elaborado um estudo (*Glasgow and Clyde Valley Green Network – Planning Guidance, 2008*), pela agência GVC Green Network, que estabeleceu diretrizes de planejamento e metas, como maior atratividade para negócios, oportunidades de melhoria da saúde, comunidades mais fortalecidas e interconectadas, proteção e melhoria ambiental e da biodiversidade na região.

O desenvolvimento do plano foi embasado no cruzamento e na análise de diversas informações espacializadas, como densidade demográfica (Figura 141), exclusão social (Figura 142), condições de saúde da população (Figura 143) e dados ambientais: áreas e reservas naturais de proteção e conservação (Figura 144), levantamento das áreas florestais (Figura 145), caracterização de unidades paisagísticas, além de dados de mobilidade, como o levantamento das rotas de bicicletas ou de pedestres acessíveis.

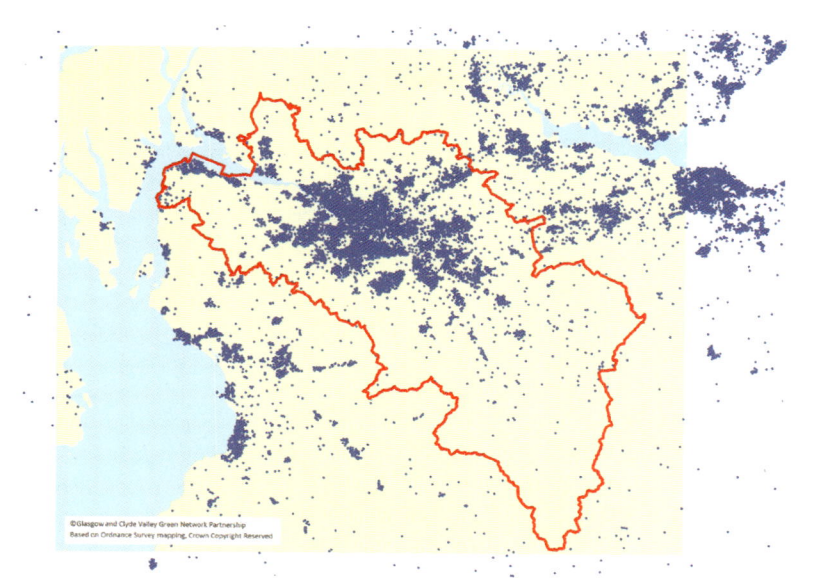

A INFRAESTRUTURA VERDE APLICADA NA RECUPERAÇÃO E REVITALIZAÇÃO DE ÁREAS DEGRADADAS   135

Figura 141. Mapa de densidade demográfica. Fonte: Glasgow and Clyde Valley Green Network – Planning Guidance, 2008. Fonte: acervo de Glasgow & Clyde Valley Green Network Partnership.

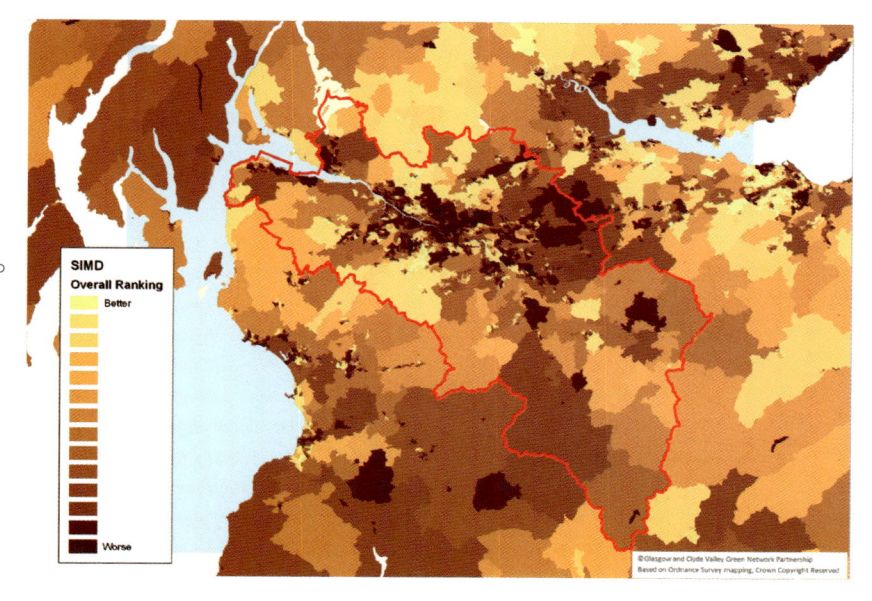

Figura 142. Mapa do índice de exclusão e vulnerabilidade social (Index of Multiple Deprivation) composto de seis indicadores: desemprego, renda, saúde, educação, acesso a moradia e violência. Fonte: Glasgow and Clyde Valley Green Network – Planning Guidance, 2008. Acervo de Glasgow & Clyde Valley Green Network Partnership.

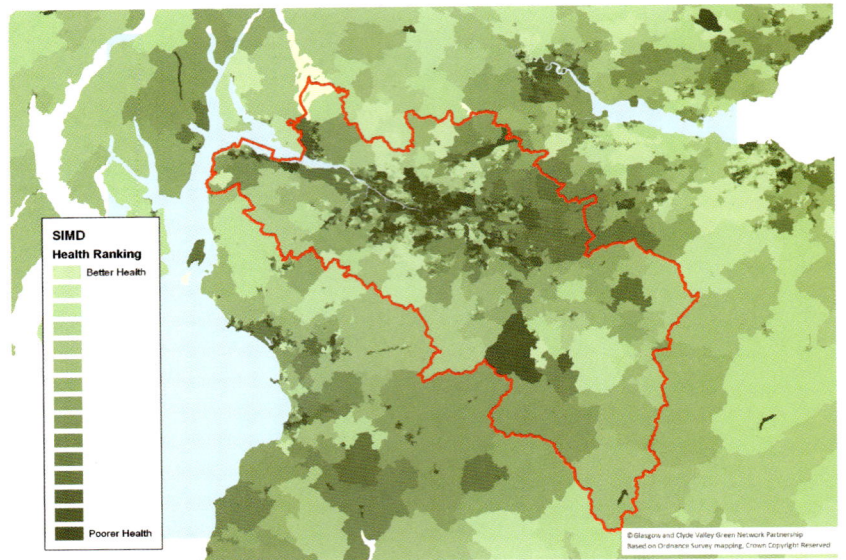

Figura 143. Mapa da condição de saúde da população. Fonte: Glasgow and Clyde Valley Green Network – Planning Guidance, 2008. Fonte: acervo de Glasgow & Clyde Valley Green Network Partnership.

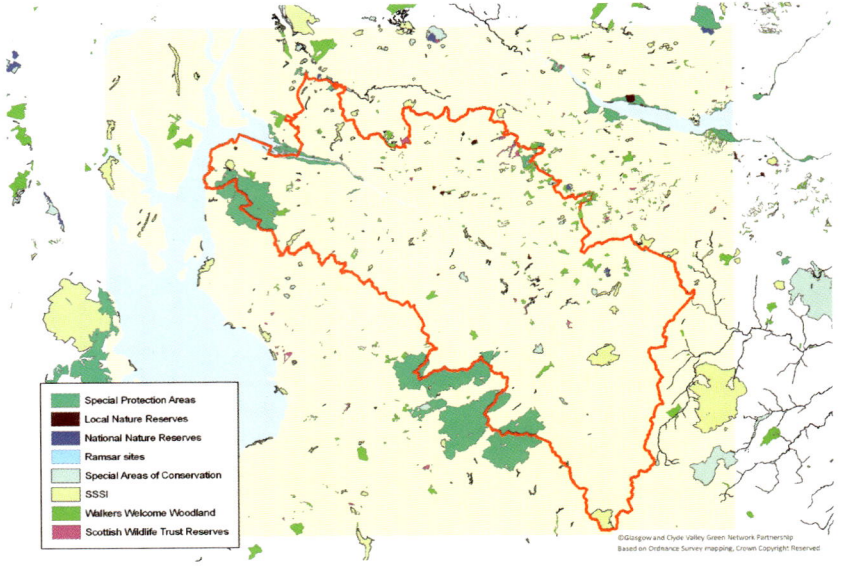

Figura 144. Mapa das reservas de áreas naturais protegidas. Fonte: Glasgow and Clyde Valley Green Network – Planning Guidance, 2008. Fonte: acervo de Glasgow & Clyde Valley Green Network Partnership.

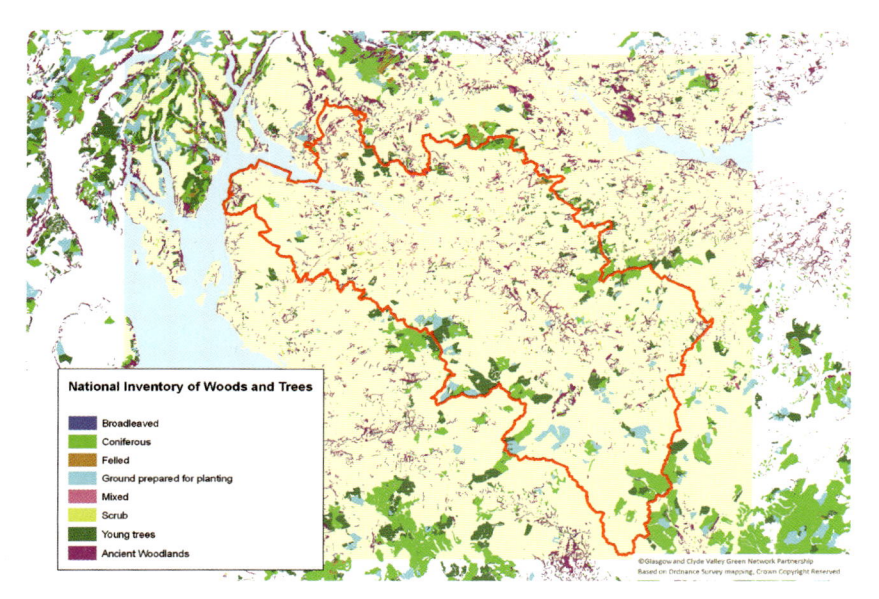

Figura 145. Mapa de inventário das formações florestais. Fonte: Glasgow and Clyde Valley Green Network – Planning Guidance, 2008. Fonte: acervo de Glasgow & Clyde Valley Green Network Partnership.

Esse estudo resultou na divisão do plano em 22 zonas de atuação e na identificação de áreas prioritárias que poderiam fazer parte da rede de áreas verdes, sob a perspectiva da ecologia da paisagem como mancha, corredor ou trampolim ecológico.[1]

Além disso, levantou-se a demanda naquelas localidades, definindo, assim, o tipo de área verde e sua vocação. Por exemplo, uma área verde com uma demanda maior por recreação e esporte, ou uma área natural, com função de proteção ambiental. As diretrizes são fundamentais para a elaboração posterior de um plano detalhado para as 22 zonas com as respectivas autoridades locais. Ao final, foram adotados critérios que objetivavam paisagens multifuncionais, de acordo com o conceito de infraestrutura verde, de forma a atender às questões ecológicas, sociais e de mobilidade.

Paralelamente, foi feito um estudo-piloto, chamado *Green Network Vacant and Derelict Land Study* (2006), com o propósito de suprir a demanda de ampliação e melhoria dos espaços vegetados na região metropolitana de Glasgow, por meio da recuperação e conversão das áreas vazias e abandonadas em áreas verdes. Tal estudo é resultado do

---

1   Segundo o Conselho Nacional de Reserva da Biosfera da Mata Atlântica, trampolins ecológicos são "áreas estratégicas que funcionam como 'ilhas' e podem tanto facilitar o fluxo gênico de espécies que transitam por uma matriz não florestal quanto ajudar no planejamento e na implementação de corredores biológicos. Em alguns casos, ajudam a aumentar a representatividade de algumas unidades de paisagem". Disponível em http://www.rbma.org.br/anuario/mata_06_fap_capitulo_5_pag3.asp. Acesso em jul. de 2013.

cruzamento do plano de rede de áreas verdes (*Green Network*) com as pesquisas de áreas vazias e abandonadas (*Scottish Vacant and Derelict Land Survey*).

Inicialmente, as áreas de intervenção desse estudo-piloto resultaram da interseção de dois dos vetores de crescimento (*Corridors of Growth*), propostos pelo plano diretor de Glasgow e Clyde Valley, com o plano de rede de áreas verdes (*Green Network*). A partir dessa sobreposição, foram identificadas e caracterizadas as áreas vazias e abandonadas, sob diversos aspectos: localização, condições e uso do solo, ecologia e paisagem.

Posteriormente, foi avaliado o potencial dessas áreas de serem recuperadas mediante uma matriz de priorização, na qual diversos critérios foram embutidos, levando em conta tanto o seu potencial quanto os possíveis benefícios. A matriz de priorização, apresentada no quadro a seguir, está dividida em dois grupos: no primeiro, estão as características próprias do local; no segundo, os benefícios e vantagens que essa conversão traria para a melhoria da qualidade ambiental e para o plano de rede de áreas verdes (*Green Network*).

Para cada critério (cada coluna da matriz) foi estabelecida uma gradação de nota, que varia de 1 a 5 – do maior potencial de melhoria ou conversão em áreas verdes ao menor potencial, respectivamente –, e a explicação dos parâmetros utilizados para atribuir os valores de 1 a 5. O resultado final é a simples soma de todos os pontos, que foram distribuídos em uma escala de potencial, conforme a classificação abaixo:

- ▶ potencial alto: 14-20 pontos;
- ▶ potencial médio-alto: 21-29 pontos;
- ▶ potencial médio: 30-33 pontos;
- ▶ potencial médio-baixo: 34-36 pontos;
- ▶ potencial baixo: acima de 37 pontos.

Quadro 3. Matriz de priorização no método de Green Network Vacant and Derelict Land Study

	Características próprias do local				Melhorias e benefícios								
	CRITÉRIOS				CRITÉRIOS								
Nota	Uso atual	Estrutura existente	Propriedade	Potencial de contaminação	Proximidade com residências	Proximidade com escolas	Proximidade com conexões de transporte (rede viária)	Proximidade de com o transporte público	Proximidade com áreas vulneráveis socialmente	Tempo de vacância	Tamanho (ha)	Parâmetros ecológicos	Oportunidades de melhoria	Conectividade ecológica
1	Área aberta/gramado	Nenhuma estrutura	Pública – órgão gestor do local	Não foram identificadas questões de contaminação	Adjacente	Adjacente	No local	No local	5% mais vulneráveis	Maior que 15 anos	Maior que 50 ha	O local ou parte do local é destinado à conservação da natureza	Amplos benefícios com medidas de baixo custo em curto prazo	Corredor ecológico com áreas urbanas em ambos os lados e conexão com áreas naturais na zona rural ou outra grande área verde
2	Área aberta com alguma restrição de acesso	Estrutura de serviço	Outros órgãos públicos	Baixo risco de contaminação possível ou pequena área afetada	Dentro de 250 m	Dentro de 250 m	Adjacente	Adjacente	10% mais vulneráveis	De 5 a 10 anos	De 25 a 50ha	Contém florestas primárias	Benefícios marginais com baixo custo, independentemente do prazo	Grandes espaços verdes dentro da área urbana, mas nenhuma conexão com áreas naturais na zona rural
3	Área aberta com grandes restrições de acesso	Estruturas cobrindo menos que 5% do território	Misto	Localizado em áreas com potencial atual ou histórico de contaminação	Dentro de 500 m	Dentro de 500 m	Dentro de 250 m	Dentro de 250 m	15% mais vulneráveis	De 2 a 5 anos	De 15 a 24 ha	Contém florestas secundárias	Amplos benefícios com medidas de alto custo, independentemente do prazo	Pequenos fragmentos de espaços livres sem nenhuma conexão com a rede de áreas verdes
4	Terrenos e edifícios degradados	Edifícios abandonados	Privada conhecida	Potencial de contaminação espalhado em vários pontos (histórico de alto risco)	No entorno, maior que 40%	Dentro de 1.000 m	Dentro de 500 m	Dentro de 500 m	20% mais vulneráveis	Menor que 2 anos	De 5 a 14 ha	Contém áreas de restauração ou reflorestamento	Benefícios marginais com alto custo, independentemente do prazo	Espaços verdes periféricos a áreas urbanas
5	Sob desenvolvimento	Novos edifícios	Privada desconhecida	Evidência de contaminação	No entorno, menor que 40%	No local	Dentro de 1.000 m	Dentro de 1.000 m	Todos os outros	Não mais vazio	Área menor que 5 ha	Mínimo ou nenhum interesse ecológico	Nenhuma oportunidade identificada	Não em função de corredor ecológico

Fonte: adaptado de Green Network Vacant and Derelict Land Study (2006).

Figura 146. Resultado espacializado do potencial de recuperação e conversão das áreas degradadas (em preto) em áreas verdes. Para a avaliação, foi utilizada uma matriz de priorização que define o resultado do potencial: baixo, médio-baixo, médio, médio-alto e alto. Fonte: adaptado de *Green Network Vacant and Derelict Land Study for Glasgow and Clyde Valley Structure Plan*, 2006.

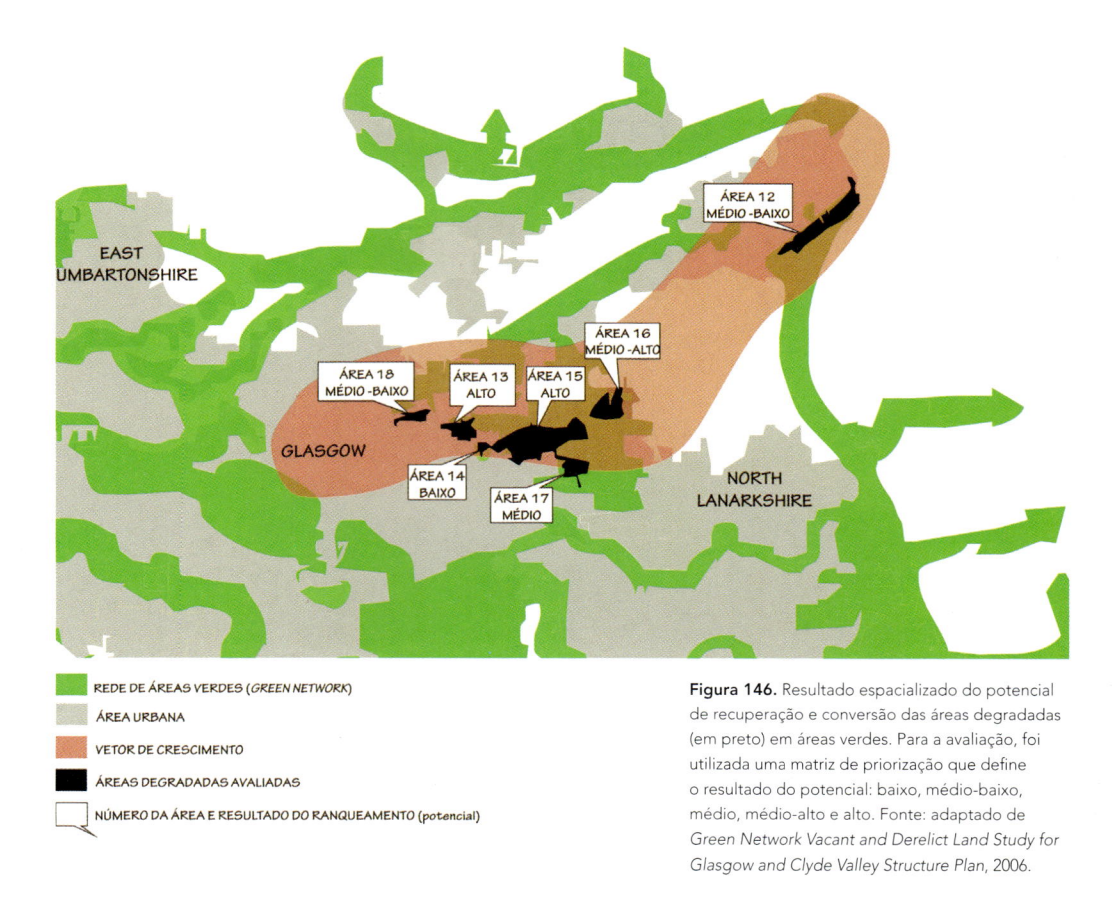

A Figura 146 ilustra os resultados espacializados para determinado vetor de crescimento na região metropolitana de Glasgow. As áreas em preto são as áreas degradadas que, além de estarem contidas no vetor de crescimento, pertencem ao plano de rede de áreas verdes (*Green Network*). Elas foram avaliadas por meio da matriz de priorização, e os resultados variam de baixo a alto potencial de recuperação e conversão em áreas verdes.

Apesar de o estudo ter como área de abrangência dois vetores de crescimento propostos no plano diretor, o objetivo é desenvolver e aperfeiçoar o método, estendendo, assim, sua aplicabilidade a toda a rede de áreas verdes.

Desde 2010, a agência GVC Green Network vem aprimorando os estudos e projetos da rede de áreas verdes em conjunto com o plano diretor estratégico da região e mapeando as áreas prioritárias, que resultam em planos locais para cada região (*Green Network Opportunities*

Mapping Reports) com suas respectivas particularidades. Esses planos foram reconhecidos de imediato pelas parcerias e têm sido extensivamente utilizados pelas autoridades locais na criação de mais áreas verdes, como é o caso das cidades de West Dunbartonshire, East Renfrewshire e Renfrewshire.

Em virtude das diversas iniciativas e dos estudos apresentados, as autoridades de Glasgow e Clyde Valley estão oferecendo subsídios tanto nas políticas públicas quanto nos parâmetros importantes para o planejamento urbano ambiental do local. Por essa razão, Glasgow e Clyde Valley tornaram-se importantes referências sobre os estudos de métodos, pesquisas e práticas que, além de visar a recuperação ambiental de áreas vazias e abandonadas e a melhoria e criação de um sistema de áreas verdes, busca a revitalização da região como um todo, contemplando os aspectos econômicos, ambientais e sociais.

Los Angeles

Los Angeles é uma das três maiores cidades dos Estados Unidos e está situada no estado da Califórnia, na costa oeste do país. Sua população é de mais 4 milhões de habitantes (a região metropolitana abriga em torno de 12 milhões de pessoas) em uma área de 10.500 km². A grande extensão territorial da cidade e a ocupação dispersa são um desafio à mobilidade urbana.

De acordo com o estudo *ParkScore* da organização Trust for Public Lands (TPL), 16% do território da cidade é composto de parques. Com um índice de aproximadamente 52 m² de parques por habitante, Los Angeles supera cidades como Chicago e Nova York. Essa mesma pesquisa, no entanto, revela que, apesar de os parques terem espaços verdes generosos, eles não são acessíveis ou bem distribuídos na cidade. Outro estudo, realizado em 2008 pela Prefeitura de Los Angeles, confirma esse dado. A pesquisa intitulada *Los Angeles Recreation and Parks Department Community – Wide Needs Assessment*, que trata da avaliação das necessidades da comunidade em termos de áreas verdes públicas, revelou que mais de um terço das áreas de parques estão concentradas em menos de quatro parques da cidade (Griffith, Elysian, Lincoln e Hollenbeck). Além desses parques não estarem distribuídos igualmente na cidade, pois todos estão localizados na parte central, o estudo ressalta a dificuldade de acesso às áreas verdes, em vista das condições da rede de transportes públicos.

Diante dos enormes desafios da cidade, seja em termos de qualidade e distribuição de áreas livres para a população, seja pela ausência de um plano de sistema de áreas verdes que direcione essas questões, o Departamento de Parques e Recreação de Los Angeles realizou, em 2009, um plano de atendimento às necessidades da comunidade relativas às áreas verdes públicas, elaborado com a equipe de consultoria Mia Lehrer + Associates e PROS Consulting TEAM. As demandas por espaços livres foram identificadas, quantificadas e priorizadas com o objetivo de auxiliar no planejamento da cidade e no desenvolvimento de estratégias para tratar dos conflitos e desafios que o Departamento de Parques e Recreação enfrenta, como a aquisição de novas áreas para recreação e as oportunidades de reutilizar e revitalizar terras de domínio público.

O estudo do Departamento de Parques e Recreação concluiu que é grande a necessidade de maior número de parques locais e de vizinhança que formem uma rede mais ampla e mais bem distribuída de áreas verdes no tecido urbano, uma vez que se considerou a densidade demográfica local e as demandas específicas de cada comunidade, em contraposição com a realidade atual da cidade – que, embora tenha grandes áreas vegetadas concentradas, poucas são, de fato, acessíveis à população. O estudo sugere, ainda, que as áreas degradadas (*brownfields*) sejam recuperadas tendo em vista essa finalidade, tornando-se uma alternativa para a aquisição de novas áreas verdes.

Observa-se, especificamente, que o foco do estudo de Los Angeles é muito mais social, pois busca propiciar melhor qualidade de vida à população – o que difere um pouco dos objetivos das políticas públicas e planos mais amplos da cidade de Glasgow, apresentados anteriormente, os quais, além de terem um foco social, buscam melhorias ecológicas, ambientais e econômicas, visando revitalizar a cidade e atrair novos investimentos.

Com as políticas de planejamento de áreas verdes urbanas, Los Angeles apresenta duas grandes iniciativas que têm como foco a recuperação e conversão de áreas urbanas degradadas em parques e outros espaços vegetados de forma mais abrangente, incluindo fatores de importância ambiental, ecológica e social: *LA River Master Plan e Brownfields Program*.

Los Angeles River Revitalization Master Plan

O rio Los Angeles tem, aproximadamente, 94 km de extensão, percorrendo 82 km em área urbanizada. Suas nascentes se encontram no

Figura 147. Ilustração aérea que retrata a extensão do rio Los Angeles. Fonte: *Los Angeles River Revitalization Master Plan*, 2007. Acervo de City of Los Angeles.

Vale de São Fernando e sua foz está na região portuária de Long Beach (Long Beach Harbor), como mostra a Figura 147.

Durante o século XIX e XX, o rio Los Angeles foi fundamental para o crescimento industrial, pois serviu de corredor de transporte e contribuiu para o crescimento econômico da região. Entretanto, devido ao crescimento contínuo da cidade, que foi acompanhado de intensa impermeabilização, canalização, supressão da vegetação e edificação nas margens e várzeas, os problemas ambientais, inevitavelmente, vieram à tona, como as enchentes e a poluição das águas (LARRMP, 2007).

Ao longo do tempo, as ocupações das margens do rio por usos industriais (galpões, fábricas) e pátios ferroviários contribuíram para a construção de uma paisagem fluvial hostil, isolada das comunidades e da vida urbana da cidade (LARRMP, 2007).

Nas duas últimas décadas, o poder público municipal, estadual e federal e as comunidades locais envolveram-se e uniram esforços para revitalizar o rio Los Angeles e sua bacia. Teve início então, em 1996, o processo de implementação de um plano de recuperação do rio Los Angeles, com a criação de algumas áreas livres ao longo do curso d'água, como o Los Angeles State Historic Park e o Taylor Yard. Porém, só em 2002 foi aprovada, pelo conselho municipal, uma comissão focada na revitalização do rio como um todo e de seus tributários. Em 2005, o prefeito Antonio Villaraigosa endossou formalmente o desenvolvimento do Plano Diretor.

A equipe de desenvolvimento desse projeto foi composta de escritórios de engenharia, departamento de águas e energia da cidade e a equipe de consultoria Tetra Tech Consultant Team, além de escritórios de arquitetura, paisagismo e urbanismo, como Civitas, Wenk Associates, Mia Lehrer + Associates e Urban Partners. O plano trabalhou com um horizonte de 25 a 50 anos para a transformação do rio em símbolo da cidade e catalisador de um ambiente mais sustentável.

As figuras abaixo apresentam perspectivas atuais de trechos do rio Los Angeles e de como ele ficará após a revitalização.

Os principais objetivos do plano estão divididos em quatro itens que se desdobram em objetivos secundários:
- ▶ Revitalização do rio: diminuição das enchentes, melhoria da qualidade das águas, acesso público seguro ao rio, restauração do ecossistema e das funções hidrológicas.

Figura 148. Vista da seção canalizada do rio Los Angeles no centro da cidade. Fonte: *Los Angeles River Revitalization Master Plan*, 2007. Foto: acervo de City of Los Angeles.

Figura 149. Vista da seção restaurada com vegetação ciliar e espécies nativas, proposta pelo Los Angeles River Revitalization Master Plan, no centro da cidade. Fonte: *Los Angeles River Revitalization Master Plan*, 2007. Foto: acervo de City of Los Angeles.

- Melhoria da qualidade da vizinhança: criação de corredor contínuo de circulação de pedestres e ciclistas ao longo do rio, conexão da vizinhança com o rio, aumento dos espaços abertos, estímulo da identidade da comunidade e incorporação de arte pública ao longo do curso d'água. Requalificação de locais subutilizados e pátios de escolas, dentro da vizinhança, de modo que eles façam parte da nova rede de espaços abertos.
- Oportunidades para a comunidade: fomento à cidadania, transformação do rio em foco de atividades e ponto de convergência, promoção de oportunidades educacionais e valorização da herança cultural do rio Los Angeles.
- Agregação de valor: melhoria da qualidade de vida; geração de empregos, habitação e áreas para comércio; priorização de áreas subutilizadas e comunidades desprivilegiadas.

Analisando a proposta de *Los Angeles River Revitalization Master Plan*, observa-se uma nova forma de planejamento, que visa resolver, por meio dos espaços livres, os problemas de mobilidade urbana, valorização e priorização do pedestre (Figura 150 e Figura 151), assim como o mapeamento das oportunidades de melhoria e implantação de novas áreas de lazer e recreação ao longo do rio (Figura 152 e Figura 153), e de conexão com hábitats naturais existentes (Figura 154), transformando o rio em um grande corredor ecológico (Figura 155). Além disso, prevê-se a criação de alagados construídos e bacias de retenção próximos ao rio,

Figura 150 e Figura 151. Estratégias e soluções de mobilidade urbana que visem a priorização do pedestre e do ciclista ao longo do rio Los Angeles e no encontro com seus afluentes, como o córrego Arroyo Seco. Fonte: *Los Angeles River Revitalization Master Plan*, 2007. Fotos: acervo de City of Los Angeles.

Figura 152 e Figura 153. Soluções de acessibilidade da população ao rio para recreação e lazer, estimulando a relação de identidade com o local. Fonte: *Los Angeles River Revitalization Master Plan*, 2007. Acervo de City of Los Angeles.

Figura 154. Mapa dos locais estratégicos ao longo do rio que permitiriam conexões com hábitats naturais significativos. Fonte: *Los Angeles River Revitalization Master Plan*, 2007. Acervo de City of Los Angeles.

Figura 155. Recuperação ou criação de parques ao longo do rio com a restauração da vegetação ripária, o que possibilitará conexões com áreas naturais próximas. Fonte: *Los Angeles River Revitalization Master Plan*, 2007. Acervo de City of Los Angeles.

Figura 156. Criação de canais, alagados construídos e bacias de retenção permeados de vegetação nativa ao longo do rio para reduzir o impacto das cheias e melhorar a qualidade das águas. Fonte: *Los Angeles River Revitalization Master Plan*, 2007. Acervo de City of Los Angeles.

tendo em vista o amortecimento da vazão das águas pluviais nos rios e córregos, durante os período de pico, a melhoria da qualidade das águas e a recreação e restauração do ecossistema aquático (Figura 156). Ou seja, a proposta implica o exercício de diversas funções já preconizadas pelo conceito de infraestrutura verde.

Por fim, o plano ainda identifica vinte áreas ao longo do rio com chances de serem revitalizadas. O processo de identificação dessas áreas envolveu uma série de critérios que estão relacionados aos principais objetivos do plano:

- ▶ melhoria da qualidade da água, recarga do aquífero, proteção contra enchentes, redução da velocidade do fluxo das águas;
- ▶ criação e expansão de hábitats naturais, parques e melhoria da qualidade estética do rio e de sua visibilidade;
- ▶ criação de benefícios múltiplos destinados à comunidade e oportunidades de reinvestimento.

Tais critérios foram utilizados em análise subsequente e em consulta pública durante *workshops* com a comunidade. Dessas vinte áreas, foram selecionadas cinco para as quais deveriam ser desenvolvidos projetos detalhados, a fim de se tornarem modelos de referência e exemplificarem diversas possibilidades de revitalização, dos quais se pudesse extrair lições. São eles: Canoka Park, River Glen, Taylor Yard, área Chinatown-Cornfields e área Downtonwn Industrial.

O Quadro 4 mostra os critérios – agrupados em três grandes temas: água, áreas verdes e comunidade – e os resultados da avaliação do potencial de aplicabilidade e viabilidade dessas vinte áreas em relação aos assuntos tratados nos critérios, que variam da cor preta, que significa nenhum potencial, passando pelo azul, que significa baixo potencial, até o verde mais escuro, que seria o alto potencial. Observa-se que nas cinco áreas escolhidas predominam as cores amarelo e verde, que representam, respectivamente, médio e alto potencial.

Quadro 4. Matriz de priorização das vinte áreas ao longo do rio Los Angeles com chance de serem revitalizadas

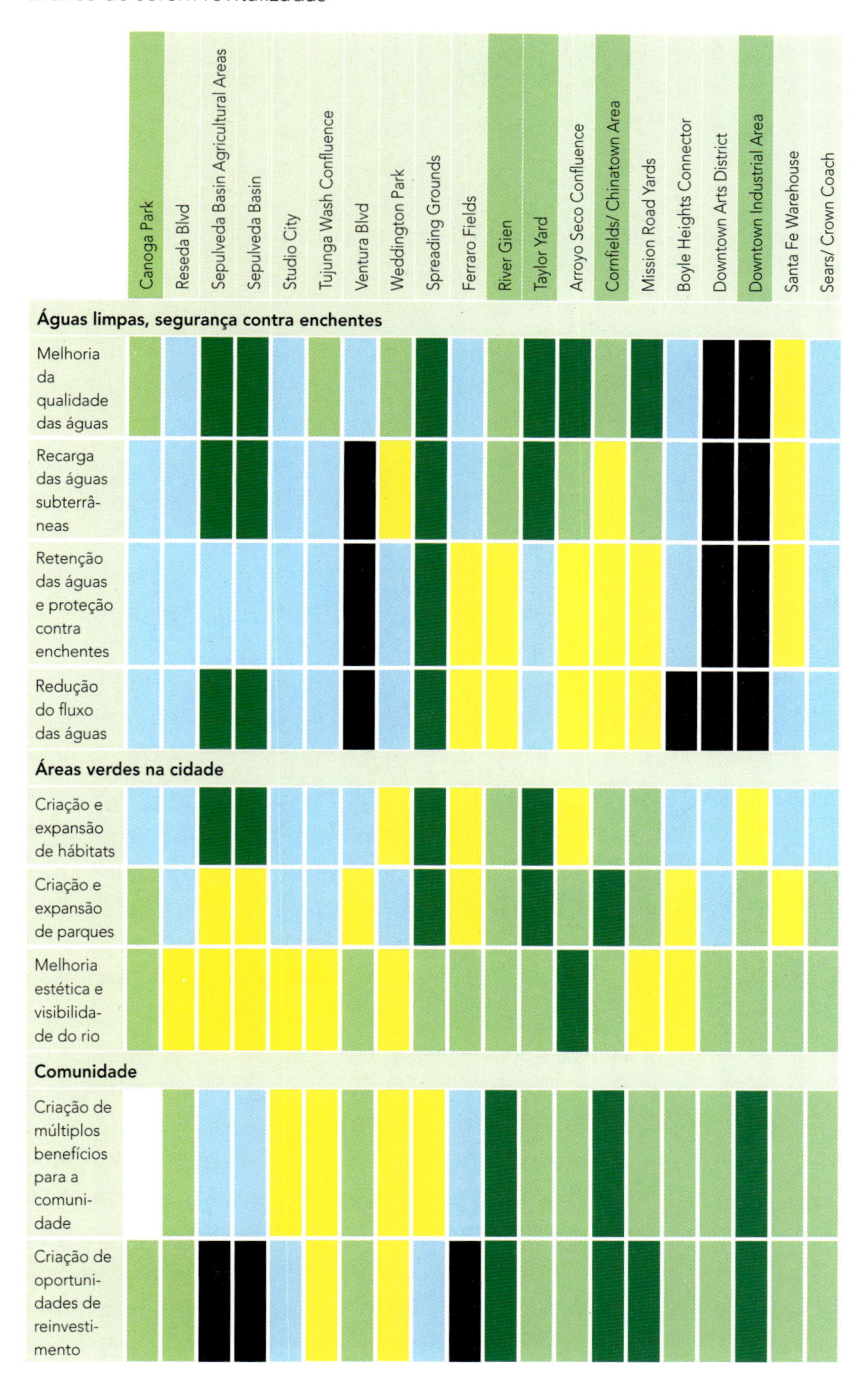

	Canoga Park	Reseda Blvd	Sepulveda Basin Agricultural Areas	Sepulveda Basin	Studio City	Tujunga Wash Confluence	Ventura Blvd	Weddington Park	Spreading Grounds	Ferraro Fields	River Glen	Taylor Yard	Arroyo Seco Confluence	Cornfields/ Chinatown Area	Mission Road Yards	Boyle Heights Connector	Downtown Arts District	Downtown Industrial Area	Santa Fe Warehouse	Sears/ Crown Coach
Águas limpas, segurança contra enchentes																				
Melhoria da qualidade das águas																				
Recarga das águas subterrâneas																				
Retenção das águas e proteção contra enchentes																				
Redução do fluxo das águas																				
Áreas verdes na cidade																				
Criação e expansão de hábitats																				
Criação e expansão de parques																				
Melhoria estética e visibilidade do rio																				
Comunidade																				
Criação de múltiplos benefícios para a comunidade																				
Criação de oportunidades de reinvestimento																				

Os critérios estão agrupados em três grandes temas: água, áreas verdes e comunidade, e os resultados da avaliação do potencial variam da cor preta, que significa baixo potencial, até o verde mais escuro, que indica alto potencial.

Quadro 5. Legenda de priorização das vinte áreas potenciais

Avaliação das potencialidades das áreas	
Legenda	
Pouco ou nenhum potencial de alcançar os critérios	(preto)
Baixo potencial	(azul claro)
Médio potencial	(amarelo)
Alto potencial	(verde claro)
Melhor ou único potencial para alcançar os critérios	(verde escuro)

Fonte: adaptado e traduzido de *LARRMP*, 2007.

Brownfields Program

Paralelamente à revitalização do rio Los Angeles, há também a iniciativa *Brownfields Program*, criada com o propósito de recuperar e reutilizar os inúmeros terrenos vazios, estruturas abandonadas e ociosas – muitas vezes contaminadas pelas antigas atividades industriais – que ainda perduram e se encontram espalhadas por toda a cidade.

Coordenado pelo Departamento de Obras Públicas da Secretaria de Saneamento da Prefeitura de Los Angeles, o programa atua de forma pontual, assessorando tecnicamente e legalmente no processo de avaliação e descontaminação de lotes privados ou públicos e na proposição de um novo uso mais sustentável da área, com a finalidade de revitalizar o ambiente degradado e reintegrá-lo à paisagem urbana.

Uma das várias atividades e atuações do *Brownfields Program* é a realização de inventários de áreas degradadas em bairro e regiões urbanas específicas, como o projeto *Vacant Site Inventory*, que abrange a região central e leste da cidade. Outro estudo de grande relevância, que está em andamento, é a avaliação do potencial de redesenvolvimento de *brownfields* em torno do rio Los Angeles, especificamente nas adjacências do

Parque Cornfield e do córrego tributário Arroyo Seco. A área é alvo de um plano de revitalização que está em desenvolvimento, sendo coordenado pelo Departamento de Planejamento da Prefeitura de Los Angeles.

Dentre os diversos tipos de uso destinados aos *brownfields,* há uma vertente do programa cujo foco é a recuperação e conversão desses terrenos em áreas verdes, parques locais e de vizinhança, o qual conta com a parceria do Departamento de Parques e Recreação (Department of Recreation and Parks). O programa auxilia na avaliação do potencial e no apoio técnico para a recuperação das áreas degradadas. Porém, a decisão de fazer a conversão não é norteada por um plano estratégico, tal como um plano diretor de parques ou um plano de áreas verdes, uma vez que esses planos ainda são inexistentes na cidade. As intervenções, portanto, são pontuais, mas a área de abrangência é regional, isto é, podem estar em qualquer parte da cidade.

Na maioria das vezes, os critérios da decisão de transformar esses terrenos em uma área verde estão relacionados à alta demanda por novos parques e espaços abertos vegetados na região, priorizando comunidades carentes, cuja condição socioeconômica é baixa. Outros fatores são a disponibilidade de fundos e recursos financeiros para o processo de remediação – que deve ser compatível com o uso e ocupação do solo proposto – e a questão fundiária – determinação da natureza pública ou privada da propriedade.

Entre os projetos de parques implantados e em planejamento, oriundos desse programa, destacam-se:

- ▶ *Taylor Yard*: parque implantado ao longo do rio Los Angeles, que originalmente era um pátio ferroviário e também está incorporado ao *Los Angeles River Master Plan* (Figura 157).

Figura 157. Taylor Yard Park, em Los Angeles. Foto: Patricia Sanches.

Figura 158. Hermosa Natural Park, em Los Angeles.
Foto: Patrícia Sanches.

▶ *Hermosa Natural Park*: antiga área contaminada convertida em parque. Vale destacar que ele se localiza em uma região carente de áreas verdes e de atividades culturais (Figura 158).
▶ *State Historic Park (Cornfield)*: antigo pátio de trens (Figura 159), que, anteriormente, abrigava o cultivo de cereais, a área foi revitalizada e é objeto de um projeto que está em implantação. O parque também faz parte do *Los Angeles River Revitalization Master Plan*, por causa de sua proximidade com o rio. O local já possui instalações e infraestrutura temporárias (Figura 160) para receber usuários, e no começo de 2014 foi iniciada a construção do parque, de acordo com o projeto que venceu o concurso (organizado em 2006) e cuja autoria é do escritório de arquitetura paisagística Hargreaves Associates. A construção será estruturada em etapas. A última prevê os alagados construídos (*wetlands*) com a função de reter as águas fluviais nos períodos de cheias (Figura 161 e Figura 162).

A INFRAESTRUTURA VERDE APLICADA NA RECUPERAÇÃO E REVITALIZAÇÃO DE ÁREAS DEGRADADAS 153

Figura 159. Pátio Ferroviário que existia no local do State Historic Park, em Los Angeles.
Foto: Matthew E. Cohen.

Figura 160. State Historic Park, em Los Angeles, com instalações temporárias.
Foto: Patrícia Sanches.

Figura 161. Perspectiva do projeto final do State Historic Park, em Los Angeles, com a proposta de jardins sensoriais com hortas e pomares. Foto: Hargreaves Associates, cedida por California State Parks, EUA.

Figura 162. Local que abrigava antigo pátio de manutenção de trens, em Los Angeles, antes da intervenção e construção do South LA Wetlands Park. Foto: Patrícia Sanches.

▶ *South LA Wetlands Park*: consistia em uma área contaminada que abrigava um pátio de manutenção de trens; foi adquirida pela prefeitura de Los Angeles para ser transformada em um parque com alagados construídos (*wetlands*) com o objetivo de atrair a fauna local e, principalmente, filtrar as águas de chuva, para reaproveitá-las, antes de serem lançadas no rio. O parque de 3,64 ha está rodeado por uma vizinhança de alta densidade, em uma área antes carente de espaços livres. Foi inaugurado em fevereiro de 2012 (Figura 162).

▶ *Rockwood Park*: a área que abrigava poços de extração de óleo foi descontaminada, recuperada e transformada em parque da comunidade local, pois atualmente há carência de equipamentos e áreas de lazer e recreação na região (Figura 164).

A INFRAESTRUTURA VERDE APLICADA NA RECUPERAÇÃO E REVITALIZAÇÃO DE ÁREAS DEGRADADAS   155

Figura 163. Local após a conclusão do parque: alguns galpões antigos permanecem fazendo parte da paisagem. Foto: Bureau of Sanitation, Department of Public Works, City of Los Angeles.

Figura 164. O local, em Los Angeles, estava degradado e contaminado, antes da construção do Rockwood Park. Foto: Patrícia Sanches.

Figura 165. Rockwood Park após a conclusão da obra. Foto: Bureau of Sanitation, Department of Public Works, City of Los Angeles.

▶ *Gaffey Welcome Park*: originalmente uma estação de gás, o parque obteve recursos da Agência Ambiental Americana (EPA) para a limpeza da área e remoção dos tanques de gás. Hoje, o parque é muito visitado e atende aos moradores locais do bairro de San Pedro.

Há, ainda, dois outros parques em desenvolvimento. Um deles é o Bandini Canyon Pocket Park, com área linear de 7,4 acres, que se estende por quatro quadras residenciais, e terá trilhas de caminhada. O outro é o Albion Park, que, originalmente, era uma área com galpão industrial. Após a avaliação do local, detectou-se o alto grau de contaminação, investindo-se US$ 500 mil na remediação, financiados pela Agência Ambiental Americana. O Plano de Revitalização do rio Los Angeles identificou a região como potencial para parque e local para atividades recreativas. No programa de usos do parque são contempladas uma praça multiuso, pistas de caminhada e a continuação da ciclovia prevista no Plano de Revitalização do rio Los Angeles.

Ambos os projetos urbanos apresentados, *Los Angeles River Revitalization Master Plan – LARRMP* e *Brownfields Program,* têm como escopo a revitalização de áreas degradadas e a sua conversão em espaços livres vegetados. Contudo, as estratégias e escalas de intervenção são diferenciadas. O *LARRMP* tem uma escala de abrangência urbana-regional, porém bem delimitada, que segue a extensão do rio Los Angeles. Já o *Brownfields Program* intervém na cidade pontualmente, em qualquer local da cidade, de acordo com a demanda.

O *LARRMP* tem uma matriz de priorização cujos critérios são baseados nos princípios de infraestrutura verde (usos múltiplos das áreas vegetadas: recreação e lazer, hábitat e conexões ecológicas, melhoria da drenagem e qualidade das águas), identificando e comparando as vinte áreas com maior potencial para detalhamento do projeto e aporte de investimentos. Em contrapartida, o Brownfields Program envolve critérios mais abrangentes em relação à tomada de decisão de recuperar a área e transformá-la em um parque, estudando pontualmente, caso a caso, e priorizando áreas que estejam contaminadas ou com potencial de contaminação, cujas comunidades próximas tenham baixo nível socioeconômico e carência de áreas verdes no entorno.

É interessante observar que os parques centrais State Historic Park (Cornfield) e Taylor Yard, previstos ou já implantados pelo *Brownfields Program*, também estão entre as vinte áreas prioritárias levantadas no *LARRMP*. Esse ponto de sobreposição das duas iniciativas deve ser visto de forma positiva e poderia se estender a outras áreas da cidade, levando em conta que há uma convergência de interesses, estudos, análises e investimentos que justificam e reforçam a importância de intervenção estratégica.

Toronto

No início do processo de industrialização de Toronto, no século XIX, as fábricas se concentravam na zona portuária e na foz do rio Don, entre outros motivos, devido à facilidade do escoamento da produção industrial.

Um dos melhores exemplos dessa ocupação é o antigo distrito industrial de destilação (Distillery Disctrict) de Toronto, próximo ao rio Don. O local já foi um dos maiores centros de processamento de álcool da América do Norte e estimulou a fixação de outras indústrias relacionadas ao ramo da destilaria, como a de processamento e beneficiamento de grãos e açúcar.

Em Toronto, assim como nas grandes cidades que passam por um processo pós-industrial, as antigas áreas fabris próximas às regiões mais centrais foram abandonadas e, atualmente, são alvo de projetos de revitalização e redesenvolvimento para novos usos, atraindo investimentos, como as quadras do Distillery District, que abrigam, hoje, galerias de arte, espaços para eventos e feiras culturais, bares e restaurantes (Figura 166 e Figura 167).

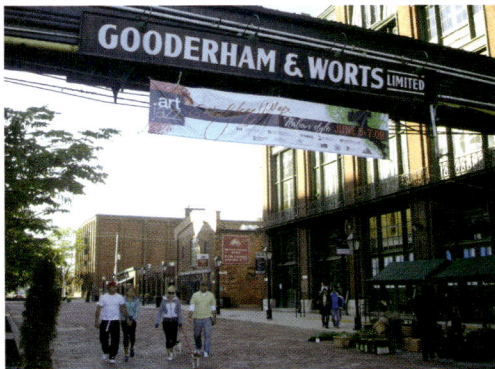

Figura 166 e Figura 167. Revitalização do antigo bairro industrial Distillery District, em Toronto, com novos usos: galerias de arte, restaurantes, bares, teatros e escritórios. Fotos: Patrícia Sanches.

No entanto, iniciativas mais recentes de revitalização ao longo da orla do lago Ontário e da região portuária, como os projetos *Toronto Waterfront* e o do vale do rio Don (Figura 168), merecem destaque. Para esses locais, que antes abrigavam indústrias, galpões e áreas de estocagem, foram apresentadas propostas de recuperação e de conversão em parques ou espaços livres e vegetados. Como estão geograficamente muito próximas, essas iniciativas são de ampla abrangência, comportando-se como se fossem um único e grande projeto.

Embora não haja nenhum plano urbano estratégico de revitalização de áreas degradadas e conversão em áreas verdes em escala regional para toda a cidade, a alta demanda por áreas verdes destinadas à comunidade, associada às características socioeconômicas e ecológicas dos locais e à escala de intervenção significativa, fazem da orla do lago Ontário e da área portuária e marginal do rio Don pontos prioritários de revitalização.

De acordo com o relatório *Our Toronto Waterfront*, especialmente a orla central do lago Ontário, em Toronto, apresenta grandes porções de áreas abandonadas e degradadas, resultantes do esvaziamento da indústria, principalmente de navegação e comércio portuário, e da implantação das rodovias (*expressways*) em detrimento das ferrovias. Tais características, aliadas ao fato de que a grande maioria dessas terras pertencem, hoje, ao estado, possibilitam uma condição muito favorável e positiva, com grande potencial para a transformação.

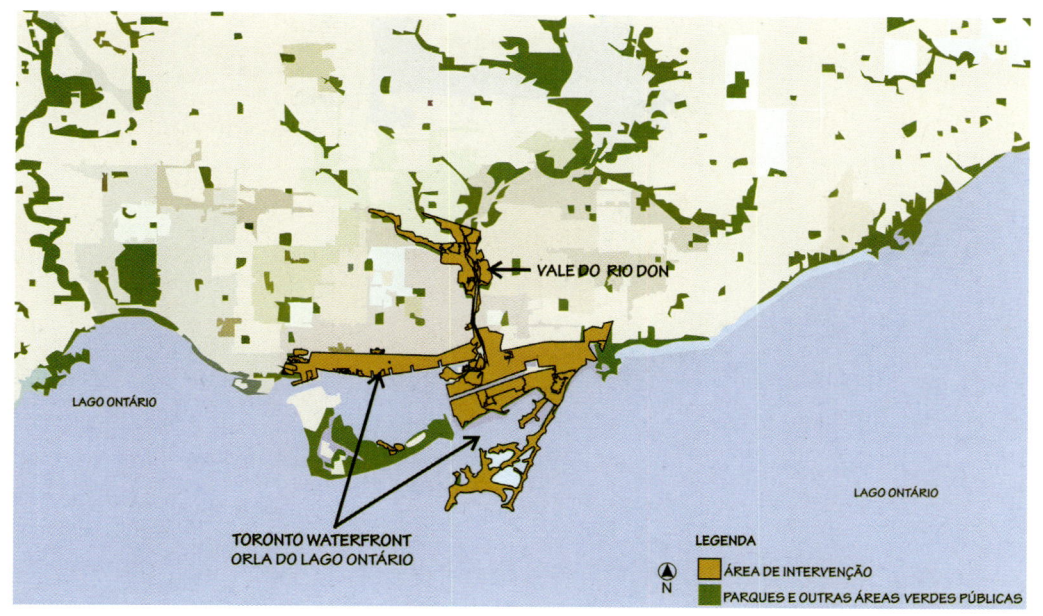

Figura 168. Mapa da cidade de Toronto com as áreas verdes existentes e a área de intervenção e revitalização: orla do lago Ontário (Waterfront Toronto) e vale do rio Don.

Toronto Waterfront

Criado em 2001, o Waterfront Toronto é uma corporação composta por três esferas governamentais (município, província, nação) com período de atuação de 25 a 30 anos, cuja finalidade é transformar 1.755 ha de *brownfields* da orla do lago Ontário em um bairro de uso misto, sustentável e acessível, com diversos espaços públicos. Os principais objetivos do projeto são:

▶ a redução do crescimento horizontal urbano;
▶ o desenvolvimento de comunidades sustentáveis, com ênfase na eficiência energética;
▶ o redesenvolvimento de *brownfields* e tratamento de solos contaminados;
▶ o aumento da competitividade econômica;
▶ a criação de parques e espaços livres.

O plano, que abrange toda a orla de Toronto (*Old Toronto*), caracterizada por áreas subutilizadas e vazias, está dividido em cinco grandes zonas de intervenção, de acordo com a Figura 169: Central Waterfront,

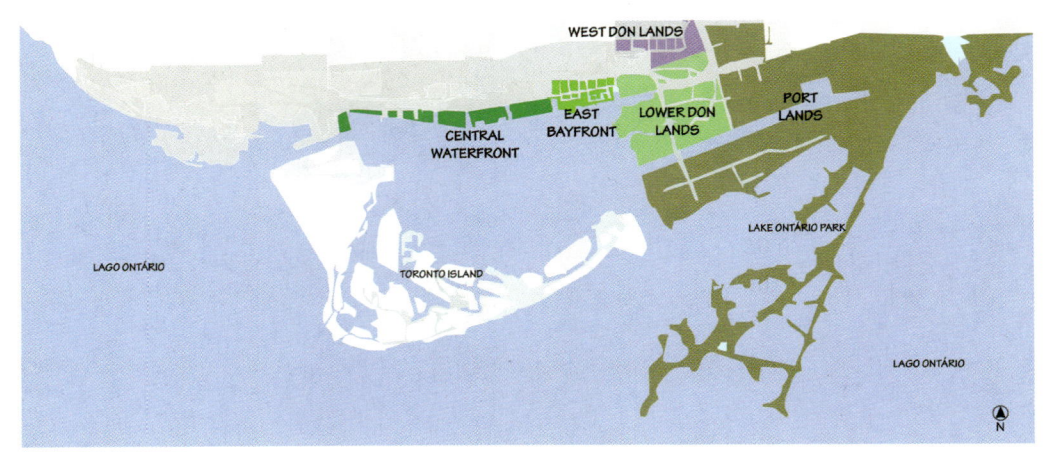

Figura 169. Mapa geral do Projeto Waterfront Toronto, com as subáreas de intervenção. Fonte: adaptado de Waterfront Toronto Map. Disponível em http://www.waterfrontoronto.ca/.

East Bayfront, West Don Lands, Lower Don Lands e Port Lands. Desde 2004, já foram revitalizados ou inaugurados dezessete parques ou áreas verdes públicas, totalizando 4,3 km de extensão ao longo da orla, em uma área de 16,4 ha.

▶ *Central Waterfront* (CWF): antiga área industrial portuária que se encontrava contaminada e foi revitalizada. Compreende 800 ha, dos quais 70% são de propriedade pública. A proposta do plano compreende a implantação de diversos espaços públicos, como passeios, parques e praças, e de edificações de uso misto. Muitos espaços já foram concluídos, alguns estão em andamento e outros em projeto. Os espaços livres de destaque do Central Waterfront já concluídos são: Music Garden (Figura 170), Spadina Wetland (Figura 171), Foot of Spadina (Figura 172), HTO Park -Maple Leaf Quay (Figura 173), York Quay Revitalization (Figura 174 à Figura 176) e uma série de passeios em deques de madeira: Rees WaveDeck (Figura 177), Simcoe WaveDeck (Figura 178) e Spadina WaveDeck.

Figura 170. Music Garden, em Toronto. Foto: Patrícia Sanches.

Figura 171. Spadina Wetland, em Toronto. Foto: Patrícia Sanches.

Figura 172. Spadina Wetland, em Toronto. Foto: Patrícia Sanches.

Figura 173. HTO Park (Maple Leaf Quay), em Toronto. Foto: Patrícia Sanches.

Figura 174. A área de York Quay, em Toronto, abrigava um estacionamento de automóveis antes da revitalização. Foto: acervo de Waterfront Toronto, cedida por Heather Glicksman.

Figura 175 e Figura 176. Canada Square (York Quay), em Toronto: após a revitalização, o local ganhou espaços públicos e áreas verdes voltados exclusivamente para pedestres, além de um estacionamento no subsolo. Fotos: acervo de Waterfront Toronto, cedida por Heather Glicksman.

Figura 177. Aspecto dos deques Rees WaveDeck, em Toronto. Foto: Kátia Osso.

Figura 178. Simcoe WaveDeck, em Toronto. Foto: acervo de Waterfront Toronto, cedida por Heather Glicksman.

▶ *East Bayfront* (EBF): o projeto compreende uma área de 23 ha e propõe o uso misto, com 6 mil unidades habitacionais, sendo 1,2 mil destinadas ao interesse social. Entre as edificações, estão previstos espaços públicos (praças, parques, píeres e calçadões), como o Sherbourne Common (Figura 179 e Figura 180) e o Sugar Beach (Figura 181 à Figura 185), já inaugurados em 2010 e 2011. O Sherbourne Common destaca-se dos demais por sua função hídrica, com a proposta de gerenciamento das águas da chuva, o que inclui a retenção e o tratamento das águas pluviais por fitorremediação, ou seja, uso de vegetação complementada com o tratamento por raios ultravioleta.

Figura 179. Sherbourne Common, em Toronto: sistema de cascatas para filtragem das águas pluviais. Foto: acervo de Waterfront Toronto, cedida por Heather Glicksman.

Figura 180. Sherbourne Common, em Toronto: canal que faz parte do tratamento das águas de chuva encaminhadas para o lago Ontário. Foto: Patrícia Sanches.

Figura 181. Local antes da construção do Sugar Beach, em Toronto. Foto: acervo de Waterfront Toronto, cedida por Heather Glicksman.

Figura 182. A Sugar Beach concluída no local onde antes havia um estacionamento, em Toronto. Foto: acervo de Waterfront Toronto, cedida por Heather Glicksman.

Figura 183. O local que hoje abriga a Sugar Beach, em Toronto, antes da intervenção. Foto: acervo de Waterfront Toronto, cedida por Heather Glicksman.

Figura 184. A Sugar Beach, em Toronto: local após a intervenção. Foto: acervo de Waterfront Toronto, cedida por Heather Glicksman.

Figura 185. Sugar Beach: à direita, calçadão de pedestres, em Toronto. Foto: Kátia Osso.

▶ *West Don Lands* (WDL): região de 32 ha adjacente ao rio Don, a montante de sua foz, como mostra a Figura 186. O projeto prevê a descontaminação do solo e a criação de um bairro sustentável de uso misto, com 6 mil unidades habitacionais, e 9,3 ha de parque (Figura 186 à Figura 189). Uma das funções da intervenção é a retenção das águas pluviais, para evitar enchentes, além da proposta de criação de ruas mais acessíveis e humanizadas, nas quais o pedestre tenha prioridade, seguindo as tipologias de *woonerfs*, e transporte coletivo eficiente, como VLT (veículo leve sobre trilhos). A área foi escolhida pela Província de Ontário para sediar a vila dos atletas nos jogos Pan-americanos de 2015, que já se encontra em construção.

Figura 186. West Don Lands, em Toronto: situação da área de intervenção em 2011. Foto: acervo de Waterfront Toronto, cedida por Heather Glicksman.

A INFRAESTRUTURA VERDE APLICADA NA RECUPERAÇÃO E REVITALIZAÇÃO DE ÁREAS DEGRADADAS

Figura 187. Perspectiva (maquete eletrônica) do projeto *West Don Lands*, na cidade de Toronto. Foto: acervo de Waterfront Toronto, cedida por Heather Glicksman.

Figura 188. Perspectiva do resultado final da revitalização após a conclusão das obras em West Don Lands, em Toronto. Foto: acervo de Waterfront Toronto, cedida por Heather Glicksman.

Figura 189. Perspectiva do resultado final da revitaização após a conclusão das obras em West Don Lands, na cidade de Toronto. Foto: acervo de Waterfront Toronto, cedida por Heather Glicksman.

▶ *Lower Don Lands* (LDL): esse projeto está sendo desenvolvido com o Plano de Renaturalização da Foz do Rio Don (*Mouth of Don River Naturalization and Port Lands Flood Protection Project*) (Figura 191). São 125 ha, dos quais a maioria é de propriedade pública. O plano prevê a remediação de áreas contaminadas, a restauração do ecossistema local (matas ciliares, alagados e ecossistema aquático), a criação de áreas habitacionais (12,5 mil unidades) e de espaços verdes acessíveis – 53 ha de espaços abertos e parques (Figura 192) –, além de áreas comerciais. Há também a preocupação com o encaminhamento e escoamento superficial das águas e a criação de um sistema de drenagem natural combinado ao convencional.

Figura 190. Perspectiva do resultado final da revitalização após a conclusão das obras em West Don Lands, em Toronto. Foto: acervo de Waterfront Toronto, cedida por Heather Glicksman.

Figura 191. Imagem aérea da foz do rio Don, em Toronto. Foto: acervo de Waterfront Toronto, cedida por Heather Glicksman.

Figura 192. Projeto para a Foz do rio Don (*Mouth of Ron River Naturalization and Port Lands Flood Protection Project*), em Toronto. Foto: acervo de Waterfront Toronto, cedida por Heather Glicksman.

Figura 193. Port Lands, em Toronto: a primeira iniciativa na antiga área portuária, que vem senco remediada e revitalizada, foi a implantação do Cherry Saint Sports Fields. Foto: Patrícia Sanches.

▶ *Port Lands* (PLA): adjacente ao Lower Don Lands, compreende uma região de 400 ha constituída basicamente de áreas vazias, antigas estruturas portuárias e industriais abandonadas. A maior parte das terras é de propriedade pública. Está prevista a criação de diversos espaços livres (parques, áreas de passeios, corredores verdes), áreas de esporte e 14.634 unidades habitacionais. Alguns espaços públicos já foram concluídos, como o Cherry Sport Field e Cherry Beach (Figura 193).

Faz parte dessa intervenção também o Lake Ontário Park (Figura 194). O projeto compreende 375 ha e propõe a extensão de parques existentes e a criação de novos parques e praias, com destaque para as atividades aquáticas, que aproveitam os elementos naturais (Figura 194 e Figura 195).

Um dos parques existentes é o Woodbine, antes contaminado por cinzas de incinerador e por vazamento de tanques, e que foi remediado e recuperado (Figura 196 e Figura 197). Mais ao sul foi implantado o Thompson Park, também concluído, que tem como função principal a preservação da fauna e flora local, o que o torna um exemplar único de hábitat natural próximo de uma área urbana.

Figura 194. Perspectiva eletrônica do Lake Ontário Park, em Toronto. Foto: Acervo de Waterfront Toronto, cedida por Heather Glicksman.

Figura 195. Perspectiva eletrônica do Lake Ontário Park, em Toronto. Foto: Patrícia Sanches.

Figura 196 e Figura 197. Woodbine Park, em Toronto. Fotos: Patrícia Sanches.

Don River Revitalization

Como já foi mencionado, o plano de revitalização do rio Don é outro projeto da cidade de Toronto, adjacente ao *Toronto Waterfront*, que inclui a recuperação de áreas degradadas, a restauração e renaturalização ao longo do rio Don, visando maior proteção do curso d'água e o aumento da biodiversidade.

Esse rio é considerado um do mais degradados do Canadá, cuja bacia compreende 360 km² (dos quais 80% estão urbanizados) e abriga mais de 1,2 milhão de pessoas. Hoje restam apenas 7,2% de matas ciliares originais e quase todas as áreas de várzea – alagados naturais que se configuram como um dos ecossistemas mais ricos em diversidade no Canadá – foram perdidas em consequência da implantação de aterros.

A ideia de revitalização do rio é antiga, porém só tomou força a partir da parceria realizada entre o órgão canadense Toronto and Region Conservation Authority (TRCA) e o comitê consultivo Don River Watershed Task Force, que lançou a primeira estratégia *Four Steps to a New Don* em 1994, atualizada, em 2009, pelo plano *Don River Watershed Plan*. Esse plano tem a finalidade de lançar diretrizes e direcionar ações prioritárias de regeneração para as municipalidades que pertencem à bacia do rio Don. Seus objetivos vão ao encontro dos princípios e conceitos da infraestrutura verde, destacando-se, entre suas preocupações, os tópicos a seguir.

- Água: proteção e restauração da qualidade e quantidade dos aquíferos; proteção e restauração dos fluxos sazonais do rio; redução dos riscos de inundação; gestão das águas provenientes dos picos de cheia, proteção e regeneração da forma natural e funcional do vale do rio Don.
- Natureza: redução da poluição do ar; proteção, regeneração e melhoria da diversidade do hábitat aquático, comunidades e espécies; proteção e expansão do patrimônio natural terrestre (Terrestrial Natural Heritage System) e melhoria da conectividade entre florestas, campos e alagados naturais da bacia do rio Don; regeneração das áreas naturais e de toda a paisagem urbana, com melhoria da qualidade, biodiversidade e função ecológica do local; e gestão do impacto das atividades humanas, uso e ocupação do solo na bacia.
- Comunidade: melhoria da sustentabilidade urbana na escala dos edifícios e da comunidade; conexão de pessoas e locais na bacia do rio Don e valorização e proteção do patrimônio cultural e natural.

Diversas iniciativas já foram concretizadas, entre as quais se destacam a restauração das áreas alagáveis, conforme o mapa da Figura 198, como Chester Spring Marsh (iniciada em 1993 e finalizada em 1997), Binscarth Swamp, Helliwell's Hill, Riverdale Park East, Glen Cedar e Lonsdale Wet Meadow, em Cedarvale Park; Glen Edyth e Roycroft Wetlands em Nordheimer Ravine; e Beltline Pond, Riverdale Farm Ponds (Figura 200), Don Valley Brick Work e Todmorden Mills. A mais nova área sob intervenção – iniciada em 2002 – é chamada de Beechwood Wetland.

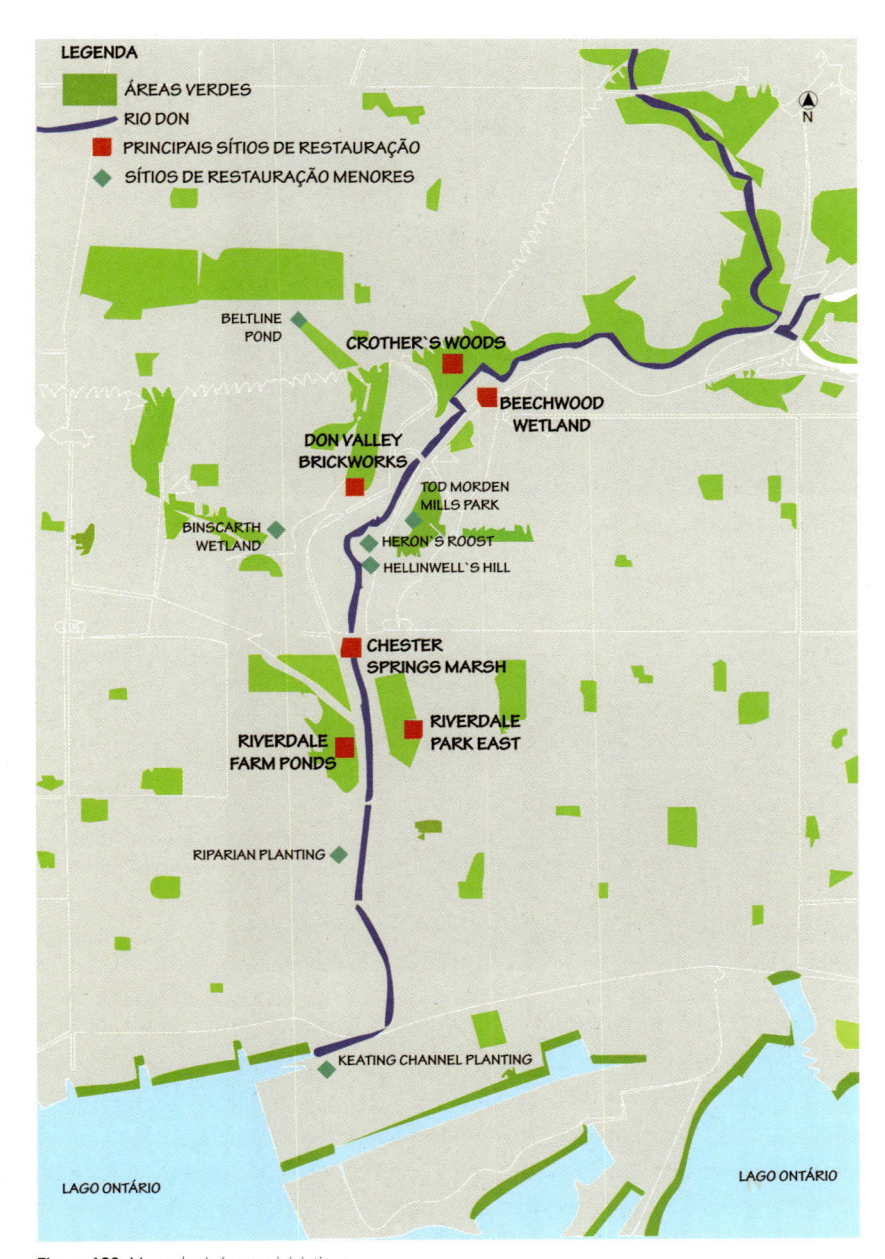

Figura 198. Mapa das inúmeras iniciativas de restauração de alagados naturais ao longo do rio Don (em sua parte mais baixa – *Lower Don*). Fonte: adaptado de *Don River Watershed Plan*. Disponível em http://www.trca.on.ca.

Figura 199. Rio Don, em Toronto, com suas margens restauradas. Foto: Patrícia Sanches.

Figura 200. Riverdale Farm Pond, alagado adjacente ao rio Don que foi restaurado, em Toronto. Foto: Patrícia Sanches.

Don Valley Brick Work – apresentado no capítulo anterior – é considerado uma referência de regeneração realizada na bacia do rio Don. A 4 km do lago Ontário, o projeto, iniciado em 1994 e concluído em 1997, não só trouxe benefícios ecológicos mas também a preservação do significado cultural do local, por meio da restauração arquitetônica dos edifícios que faziam parte da antiga olaria.

A área de extração de argila e areia para fabricação dos tijolos foi transformada em alagados, pradarias e trilhas interpretativas com sinalização. As estruturas da antiga indústria, agora recuperada, foram mantidas pela ONG Evergreen, que tem realizado diversos trabalhos, eventos culturais e ambientais no local (Figura 201). A antiga cava de argila e areia da orlaria foi transformada em uma área de várzea (*wetlands*) com píeres e deques elevados (Figura 202 à Figura 204). A proposta final é transformar o espaço em um Centro de Sustentabilidade Urbana.

Figura 201. Remanescentes da antiga olaria Brickworks, que hoje abriga atividades culturais e ambientais, em Toronto. Foto: Patrícia Sanches.

Figura 202. Alagados construídos no Parque Don Valley Brick Work, em Toronto. Foto: Patrícia Sanches.

Figura 203 e Figura 204. Deques de madeira ao redor dos lagos e várzea, no Parque Don Valley Brick Work, em Toronto. Fotos: Patrícia Sanches.

Os projetos de revitalização do rio Don têm interface com o programa Toronto Waterfront, como a foz do rio (*Mouth of Don River Naturalization*) e o *West Don Lands,* formando uma rede única e interconectada, na qual os objetivos e missões convergem. Esses dois projetos acabam sendo grandes articuladores dos projetos de revitalização do vale do rio e da orla do lago Ontário.

Assim, como ocorre em Los Angeles com o State Historic Park (Cornfield) e o Taylor Yard, é muito positivo que planos e programas da cidade com vista à recuperação de uma mesma área sejam executados simultaneamente, pois fortalecem a intenção, a viabilidade financeira e a concretização do projeto, uma vez que o leque de opções de financiamento concedidos por órgãos públicos e instituições privadas e o apoio e envolvimento popular são maiores.

ANÁLISE DAS ESTRATÉGIAS E CONSIDERAÇÕES FINAIS

As estratégias de intervenção desses três municípios (Glasgow, Los Angeles e Toronto) foram traduzidas espacialmente e esquematizadas na Figura 205, Figura 206 e Figura 207, com os limites político-administrativos municipais (ou regionais, no caso de Glasgow e Clyde Valley).

A recuperação e a conversão das áreas degradadas de Glasgow e Clyde Valley em áreas verdes têm como base um plano estratégico de rede de áreas verdes (*Green Network*) já pensado e proposto no plano diretor da região. Observa-se, na Figura 205, que sua escala de abrangência é regional. Todas as áreas degradadas (representadas pelos pontos roxos) foram levantadas e cruzadas com o plano de rede de áreas verdes (mancha cinza ramificada); além disso, o potencial de recuperação foi avaliado por uma matriz, com pesos, notas e critérios que seguem os princípios da infraestrutura verde.

Em Los Angeles, representada na Figura 206, também há um cenário urbano pós-industrial. Nessa cidade, a recuperação das áreas degradadas foi guiada por duas iniciativas: *Brownfields Program*, que ocorre em várias partes da cidade e foi realizada de forma pontual (pontos roxos isolados); e outra que se concentra ao longo do rio, delimitada pelo *Los Angeles River Revitalization Master Plan* (mancha cinza).

O primeiro programa é voltado principalmente para os terrenos contaminados. As áreas degradadas não foram levantadas e mapeadas em um mesmo momento, nem passaram por uma avaliação que envolvesse critérios da paisagem urbana e de infraestrutura verde como ocorreu em Glasgow e Clyde Valley. Nota-se que as áreas degradadas são avaliadas caso a caso e a questão da propriedade da terra (aquisição) e a viabilidade econômica para a remediação das áreas contaminadas são os principais determinantes.

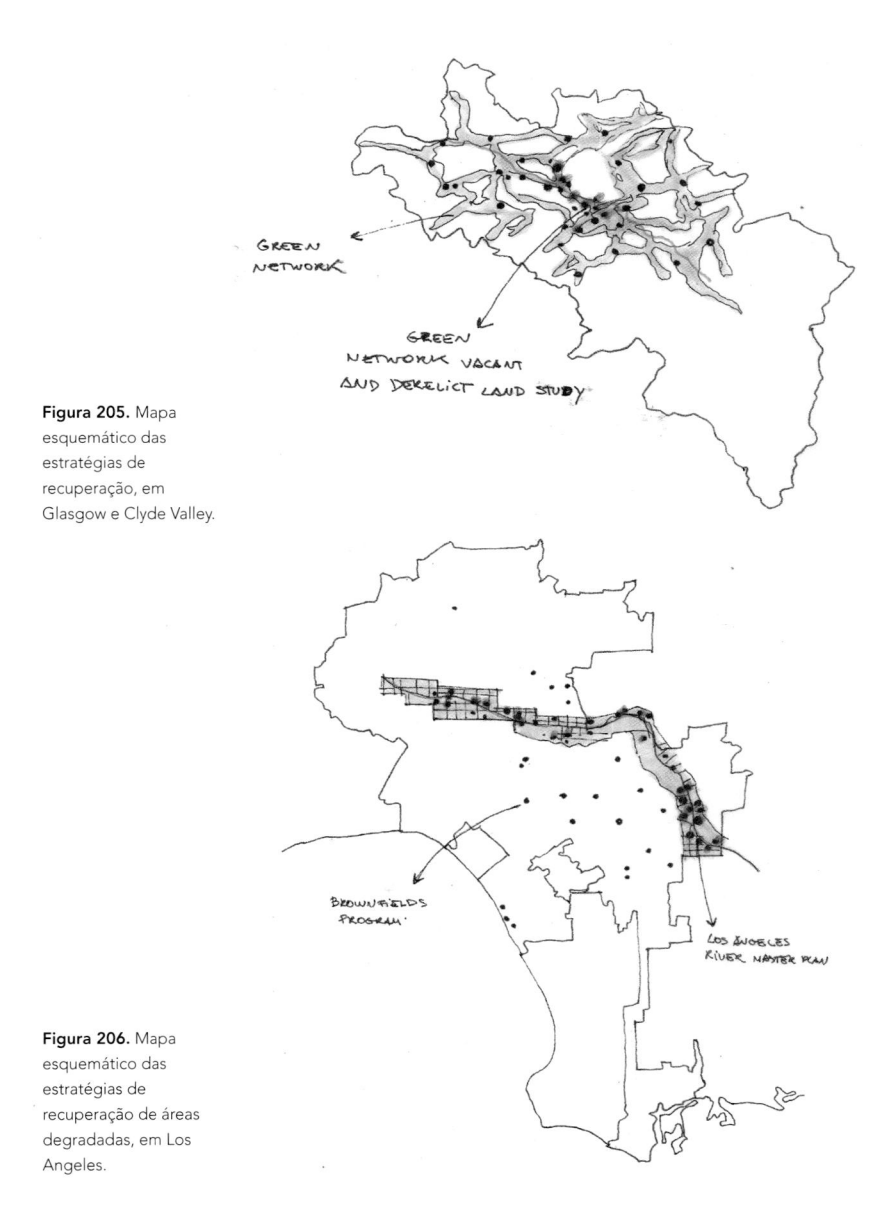

Figura 205. Mapa esquemático das estratégias de recuperação, em Glasgow e Clyde Valley.

Figura 206. Mapa esquemático das estratégias de recuperação de áreas degradadas, em Los Angeles.

Já a segunda iniciativa, *Los Angeles River Revitalization Master Plan*, vai muito além da remediação da contaminação, pois abarca diversas áreas degradadas do ponto de vista social, ecológico-ambiental e econômico. O plano, utilizando-se dos princípios de infraestrutura verde, criou uma matriz de avaliação de vinte áreas que apresentavam alto potencial de recuperação, visando os maiores benefícios possíveis no âmbito social, ecológico e ambiental. Como já foi mencionado anteriormente, algumas áreas degradadas que se transformaram em áreas verdes foram alvo desses dois programas da cidade de Los Angeles, reafirmando a inter-relação entre as intervenções e seu objetivo final comum.

Já Toronto, considerada uma cidade com herança industrial e, sobretudo, portuária, vem reestruturando os espaços degradados que originalmente eram ocupados por essas atividades. As iniciativas de recuperação de áreas degradadas e a conversão em áreas verdes estão concentradas ao longo dos corpos de água: o lago Ontário, com o projeto *Toronto Waterfront*; e o rio Don, com *Don River Watershed Plan* – representados pela mancha cinza na Figura 207. Alguns terrenos apresentam risco de contaminação ou estão contaminados, porém a preocupação não é a remediação em si, mas o que a recuperação dessas porções de terras pode trazer de benefícios. Os pontos roxos são os focos de recuperação e estão estrategicamente situados em locais de alto valor ecológico ou de grande potencial de uso pela população, como áreas de lazer, recreação e rotas alternativas para pedestres e ciclistas, reforçando a multifuncionalidade das áreas verdes, o que vai ao encontro do conceito de infraestrutura verde.

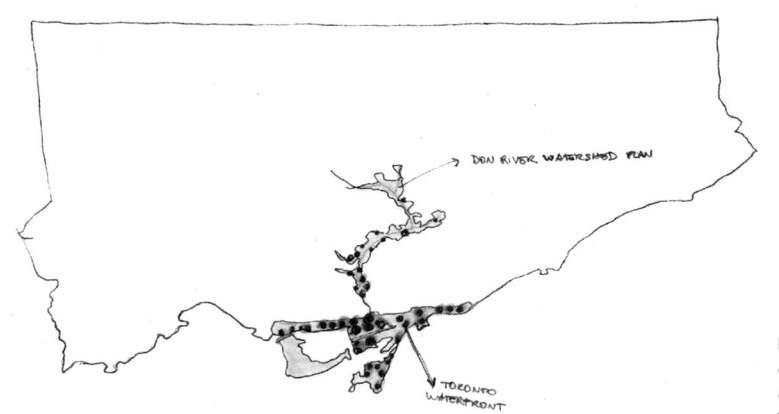

Figura 207. Mapa esquemático das estratégias de recuperação de áreas degradadas, em Toronto.

O Quadro 6 apresenta o resumo das considerações e a análise comparativa e interpretativa realizada anteriormente. Los Angeles encontra-se em uma condição intermediária. Assim como no caso de Glasgow, suas duas iniciativas são recentes e têm uma escala de abrangência (em área) maior que a de Toronto; dispõe de um plano diretor bastante completo e embasado em diversos estudos e diretrizes, porém ainda não há estudos e projetos aprofundados e detalhados para cada área.

Quadro 6. Quadro interpretativo e comparativo dos programas e das ações voltados à recuperação de áreas degradadas nas cidades de Toronto, de Los Angeles e na região de Glasgow e Clyde Valley

	Toronto		Los Angeles		Glasgow & Clyde Valley
Políticas/ programas/ planos de recuperação de áreas degradadas	Waterfront	Don River Task Force	Brownfields Program	LA River Revitalization Master Plan (LARRMP)	Green Network Vacant and Derelict Land Study (Glasgow and Clyde Valley Structure Plan)
Escala de abrangência	Urbana (parte da cidade)	Urbana	Local (pontual)	Urbana (parte da cidade)	Regional (7 municípios)
Uso e ocupação do solo anterior	Antigas áreas industriais, portuárias, áreas vazias e abandonadas (margem de rio)		Antigas áreas industriais e portuárias, pátios e linhas ferroviárias, áreas vazias e abandonadas (margem de rio)		Antigas áreas industriais, vazios urbanos, aterros
Novos tipos de usos e de ocupação propostos	– espaços abertos e áreas verdes – usos mistos (residência, serviços e comércio)	– restauração da mata ciliar – espaços abertos e áreas verdes	– parques	– espaços abertos e áreas verdes – usos mistos (residência, serviços e comércio)	– espaços abertos e áreas verdes
Status da intervenção	Concluído parcialmente, em andamento	Concluído parcialmente	Em andamento	Em projeto	Em andamento

O Quadro 7 apresenta uma releitura das políticas e dos planos urbanos do ponto de vista dos conceitos de infraestrutura verde. Observa-se que os sistemas ecológicos e de lazer – cujas funções são talvez as mais associadas aos espaços vegetados – estão contemplados em todos os planos. *LARRMP* (Los Angeles) e *Green Network Vacant and Derelict Land Study* (Glasgow) demonstram uma preocupação com a conexão dessas novas áreas verdes com outros hábitats naturais localizados nas bordas da mancha urbana. O sistema de circulação, que deve oferecer diversas rotas para o ciclista e o pedestre, além do sistema viário tradicional, está presente em todos os programas e planos, exceto no *Brownfields Program*, pois, justamente por sua escala pontual, não possibilita intervenções ou melhorias na mobilidade e circulação. Em contrapartida, como *LARRMP*, *Don River Revitalization* e *Waterfront Toronto* são projetos lineares, estruturados por um eixo, a melhoria da circulação e da mobilidade urbana não é só necessária como também possível.

Todos os planos e projetos apresentam ações para sistema de drenagem e controle e qualidade das águas pluviais, exceto *Green Network Vacant and Derelict Land Study*, de Glasgow e Clyde Valley. Entretanto, um estudo posterior, o *Green Network Opportunities Mapping*, mencionado anteriormente, que está focado no cenário e nas particularidades de cada municipalidade, faz referência ao conceito de infraestrutura verde e apresenta uma visão mais integrada, inserindo a dimensão hídrica na priorização das futuras áreas livres.

Quando se pensa na realidade brasileira, tais referências devem ser consideradas como mais um entre outros subsídios que podem contribuir para a avaliação e a tomada de decisão quanto à recuperação de áreas degradadas.

As diretrizes apontadas nesses projetos referenciais refletem os conceitos de infraestrutura verde e foram convertidas em critérios de avaliação, de modo que as áreas degradadas classificadas com alto potencial tivessem condições de atender às múltiplas funções que a paisagem urbana requer.

Quadro 7. Quadro síntese comparativo dos conceitos de infraestrutura verde aplicada aos projetos e planos das cidades de Toronto, Los Angeles e Glasgow

		Toronto		Los Angeles		Glasgow & Clyde Valley
		Waterfront	*Don River Task Force*	*Brownfields Program*	*LA River*	*Green Network Vacant and Derelict Land Study*
Sistema de suporte da infraestrutura verde	Ecológico	Descontaminação do solo, restauração da orla com vegetação nativa, de alagados naturais e de áreas de proteção ambiental	Restauração da mata ciliar e de alagados naturais; áreas de proteção ambiental	Descontaminação do solo e recomposição com vegetação nativa, criação de alagados construídos e recuperação das várzeas naturais	– Conexões com hábitats preservados – Rio: corredor ecológico – Restauração da mata ciliar nativa e alagados naturais e construídos	– Conexão dos fragmentos naturais – Corredores ecológicos conectando áreas de proteção ambiental
	Recreação/ lazer	Estruturas para esporte/ *playgrounds*; praças, jardins, parques bulevares, pieres, calçadões, praias	Prática de esportes, trilhas e parques	Parques, praças, prática de esportes/ exercícios	– Estruturas para esportes/ *playgrounds*; praças, parques, bulevares, pieres, calçadões	Existe a preocupação, mas não estão definidos quais serão os tipos de uso para lazer e recreação.
	Circulação/ mobilidade	Passarelas, trilhas, ciclovias, pontes, bondes, ruas de pedestres, *woonerfs*	Trilhas, ciclovias, pontes	Não foi mencionado ou a escala não permite	Passarelas, trilhas, ciclovias, pontes	Ciclovias, trilhas, acesso a rodovias e transporte público
	Drenagem/ tratamento de águas	Alagados naturais e bacias de retenção	Alagados naturais	Alagados naturais e construídos	Alagados naturais e construídos e bacias de retenção; descanalização do rio e retardo das águas	Não foi mencionado.

RAIO-X DA DEGRADAÇÃO URBANA EM SÃO BERNARDO DO CAMPO

Após a apresentação dos diversos exemplos de planos e projetos de sucesso, o que se observa é que, de fato, a recuperação de áreas degradadas e sua conversão em áreas verdes pode ser uma estratégia de planejamento urbano para solucionar inúmeros problemas que decorrem da degradação urbana e/ou da ausência de áreas verdes nas cidades.

No entanto, a primeira questão sobre a adoção desse tipo de estratégia é saber quais áreas degradadas teriam potencial para serem transformadas em áreas verdes. Ora, a decisão de investir em uma área e não em outra não pode ser fruto de uma medida arbitrária, aleatória ou com finalidades meramente políticas. O ideal é que essa escolha seja fundamentada e embasada tecnicamente, seguindo a lógica do planejamento urbano da cidade, e afinada com as demais estratégias de planejamento ambiental e com o plano diretor.

Para determinar o potencial de recuperação e conversão de uma área degradada em área verde com múltiplas funções, é necessário avaliar esse potencial à luz dos conceitos de infraestrutura verde. Isso significa que é necessário ter uma visão integrada da cidade e saber como essas áreas residuais podem, como futuras áreas verdes, colaborar da melhor forma possível para o desempenho de múltiplas funções e serviços.

Infelizmente, tanto as pesquisas quanto a literatura sobre metodologias de avaliação do potencial de áreas degradadas e a criação de novas áreas verdes são escassas no Brasil. Já nos países desenvolvidos, como Alemanha, Canadá, Estados Unidos e Reino Unido, esse assunto é um dos temas prioritários nas pautas e programas governamentais, como foi apresentado nos capítulos anteriores, e suas pesquisas importantes, incluindo metodologias de avaliação,[1] foram fundamentais para a construção de um procedimento de análise e avaliação voltado para a realidade brasileira.

Neste capítulo, parte da cidade de São Bernardo do Campo, localizada na região metropolitana de São Paulo (SP), foi escolhida como estudo de caso com o objetivo de analisar e avaliar o potencial de suas áreas degradadas urbanas dentro da realidade de uma grande cidade brasileira.

POR QUE SÃO BERNARDO DO CAMPO?

A cidade de São Bernardo do Campo está localizada no estado de São Paulo, na porção sudeste da região metropolitana de São Paulo (Figura 208) e faz divisa com Diadema, Santo André, São Caetano, São Paulo, Cubatão e São Vicente, sendo um dos maiores municípios da região, com uma área de 407,1 km².

Além de sua localização economicamente estratégica, o município é privilegiado em termos ambientais. Do ponto de vista econômico, faz divisa com a cidade de São Paulo – centro financeiro do país –, sendo cortado pelas rodovias Anchieta e Imigrantes, importantes vias de escoamento da produção que ligam a capital ao principal porto do Brasil, em Santos. Do ponto de vista ambiental, o município abriga remanescentes florestais de mata atlântica, que pertencem ao Parque da Serra do Mar, e a área de proteção aos mananciais da Represa Billings, totalizando 70,8% da área do município. Ambas fazem parte do cinturão verde da Reserva da Biosfera da Unesco, que tem o intuito de preservar um dos

---

[1] As principais metodologias de avaliação que foram estudadas e merecem ser destacadas são: a) Public Benefit Recording System (PBRS). Disponível em http://www.pbrs.org.uk/. Acesso em mar. de 2010; b) Green Network Vacant and Derelict Land Study. Disponível em http://www.gcvgreennetwork.gov.uk/; c) H. Herbst, The Importance of Wasteland as Urban Wildlife Areas – with Particular Reference to the Cities Leipzig and Birmingham, tese de doutorado (Leipzig: Faculdade de Física e Geografia – Universidade de Leipzig, 2001); d) Park Score. Disponível em http://www.parkscore.org/; e) Urban Green Environment (URGE) – Development of Urban Green Spaces to Improve the Quality of life in Cities and Urban Regions. Disponível em http://www.urge-project.ufz.de/; f) Greenspace Quality. A Guide to Assessment, Planning and Strategic Development. Disponível em http://www.greenspacescotland.org.uk/; g) G. Thrall; B. Swanson & D. Nozzi. "Greenspace Acquisition and Ranking Program (GARP): a Computer-Assisted Decision Strategy", em *Computers, Environment and Urban Systems*, vol. 12, 1988, pp. 161-184.

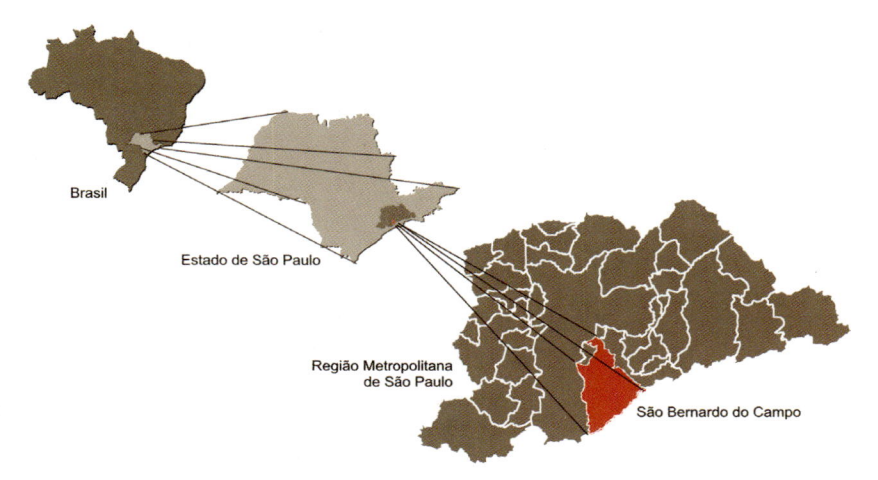

Figura 208. Mapa de localização do município de São Bernardo do Campo no estado e na região metropolitana de São Paulo.

biomas mais ricos do planeta. Esse somatório de fatores revela um cenário único, de significativo valor, que coloca São Bernardo em posição de destaque dentro do panorama ambiental da região metropolitana de São Paulo.

Além disso, o município é um dos principais responsáveis pela produção de água na região metropolitana de São Paulo, pois 70% da área da Represa Billings está em seu território,[2] abastecendo a própria população, a de Diadema, a de Santo André e parte da de São Paulo. Em função da crescente ocupação irregular, que vem devastando as matas das áreas de proteção aos mananciais e ameaça a qualidade das águas e a estabilização do ecossistema local, o papel do município em conservar esse recurso natural é ainda mais relevante.

Apesar de aproximadamente 52% do município (212,54 km²) ser classificado como área rural, a agricultura da cidade não é expressiva, pois a maior parte dessas terras são florestas que compõem o Parque Estadual da Serra do Mar e as áreas de manancial (Figura 213 e Figura 214). Já a área urbana representa apenas 29,2% (118,74 km²) do território, e os 18% restantes são ocupados pela própria Represa Billings (76 km²), como pode ser observado na Figura 209.

---

2   Fonte: "Uma cidade de desenvolvimento e oportunidades". Disponível em http://www.saobernardo.sp.gov.br/comuns/pqt_container_r01.asp?srcpg=bemvindo&lIHTM=true. Acesso em fev. de 2010.

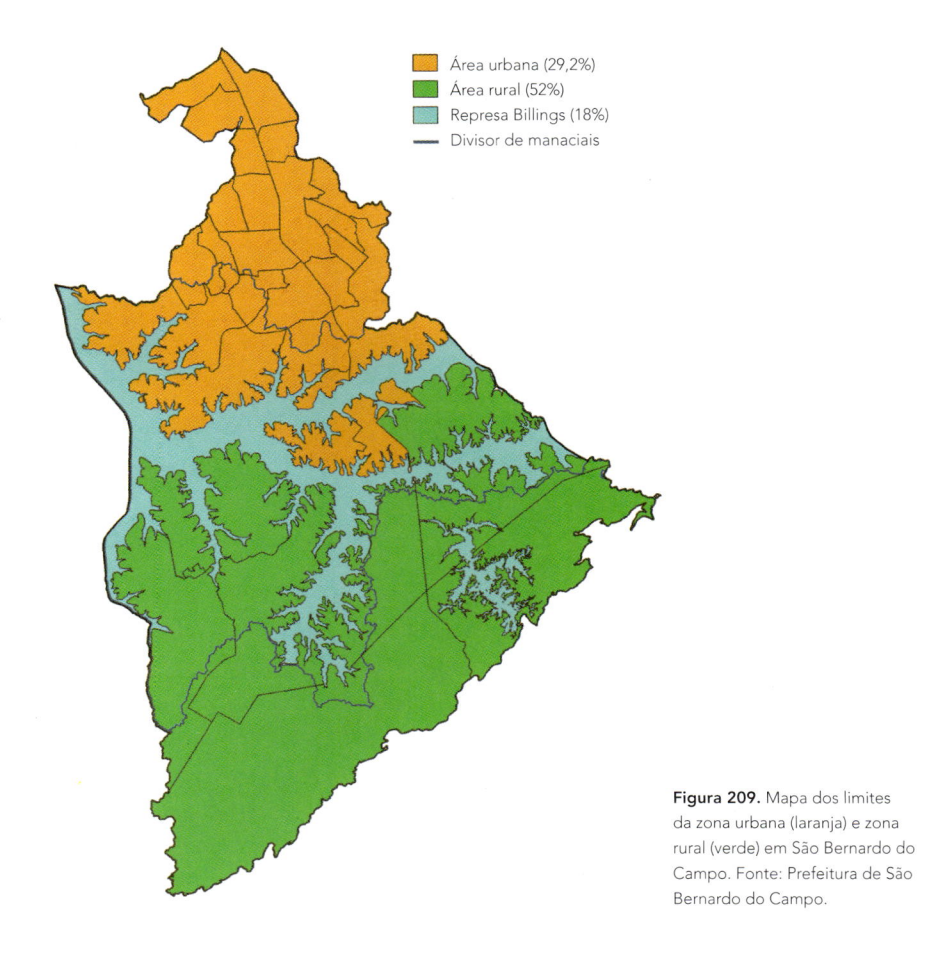

Área urbana (29,2%)
Área rural (52%)
Represa Billings (18%)
Divisor de manaciais

Figura 209. Mapa dos limites da zona urbana (laranja) e zona rural (verde) em São Bernardo do Campo. Fonte: Prefeitura de São Bernardo do Campo.

O município está inserido em duas bacias hidrográficas: a bacia do Tietê e a bacia da Baixada Santista. A primeira se divide em duas sub-bacias, a do Tamanduateí, formada por afluentes que atravessam a cidade e deságuam no rio de mesmo nome; e a sub-bacia do Pinheiros, com o represamento do rio Grande, integrando o sistema da Represa Billings, como pode ser visto no mapa da Figura 210. Já a bacia da Baixada Santista é composta por rios que nascem nas cabeceiras da Serra do Mar e descem em direção ao oceano, como os rios Perequê, Pedras, Marcolino, Kágado, Passareúva e Cubatão de Cima, entre outros.

Sub-bacia do Tamanduateí
15,4%

Bacia do Tietê

Bacia do Pinheiros
55,1%

Bacia da Baixada Santista
29,5%

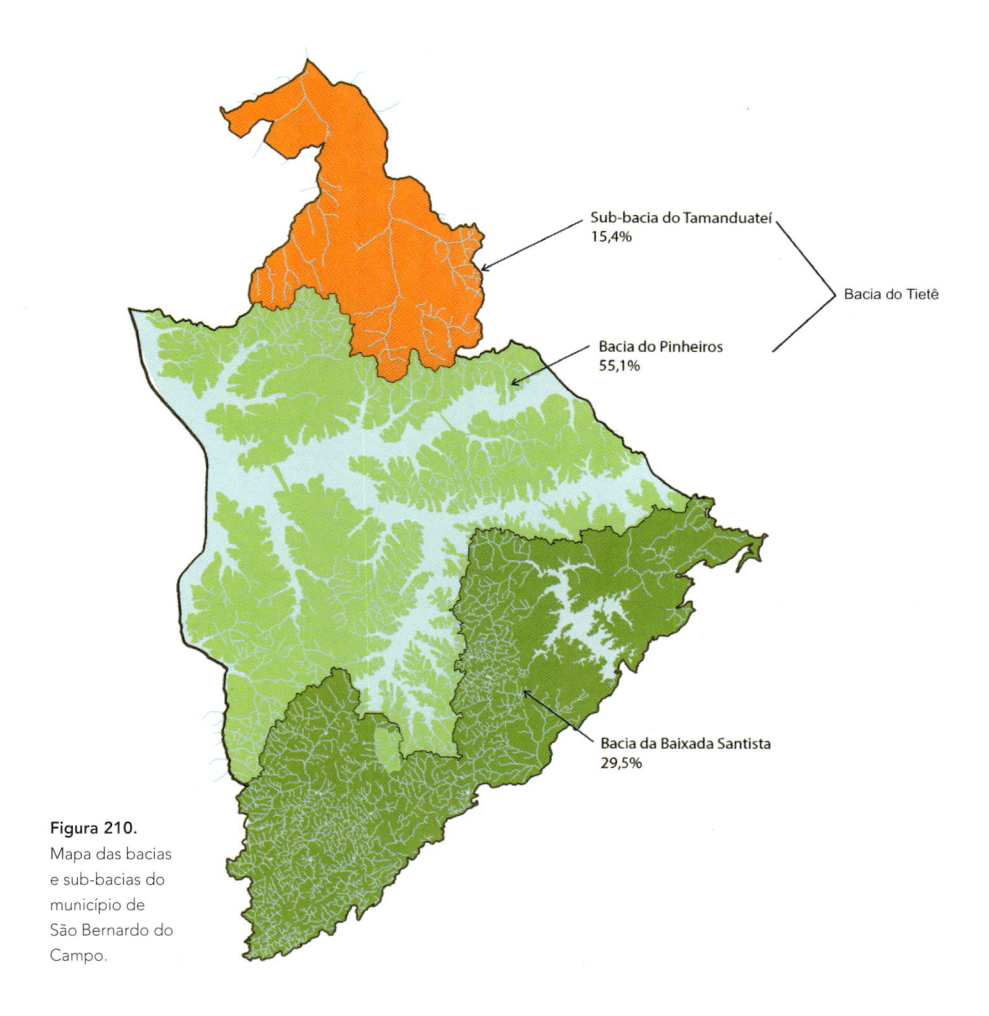

Figura 210.
Mapa das bacias e sub-bacias do município de São Bernardo do Campo.

O processo de urbanização da cidade é marcado por uma forte correlação da forma de ocupação do solo atual com os limites físicos das bacias e sub-bacias hidrográficas do município. Na sub-bacia do Tamanduateí, que corresponde a 15,4% do território, está inserida a maior parte da área urbanizada consolidada, onde se desenvolveram os primeiros núcleos de formação da cidade: Rudge Ramos e o Centro Histórico.

Já a ocupação na sub-bacia de Pinheiros é relativamente recente, esparsa e, muitas vezes, ilegal e irregular, com predominância de autoconstruções em condições precárias. Esse fenômeno está relacionado principalmente com o processo de crescimento desordenado da cidade, que resultou na ocupação das áreas de proteção aos mananciais da Represa

Billings, intensificada a partir da década de 1980. Um dos principais fatores que contribuíram para esse cenário foi o alto valor do preço da terra na área urbana consolidada. Com isso, a população mais desfavorecida teve de buscar moradias em locais mais acessíveis economicamente, como as periferias, ou até mesmo se viu forçada a invadir áreas livres públicas, ainda que protegidas por lei, como é o caso dos mananciais. Hoje, mais de 222 mil pessoas vivem na bacia do Pinheiros,[3] o que corresponde a uma porcentagem significativa de 25% da população do município.

Em contraposição a esse cenário, a bacia da Baixada Santista é preservada da ocupação humana em virtude das restrições físicas do local, como a alta declividade, a grande distância do centro urbano e o difícil acesso – e por abrigar o Parque Estadual da Serra do Mar, o que garante a proteção dos remanescentes florestais de mata atlântica.

A Figura 211 e a Figura 214 mostram o gradiente de urbanização e os diferentes padrões de ocupação e uso do solo na direção norte-sul, partindo da maior intensidade para a menor intensidade de urbanização, até chegar a uma taxa de ocupação quase ou igual a zero.

Nas últimas décadas, o Grande ABC[4] passou por uma reestruturação econômica em razão do declínio do setor industrial. Alguns municípios vivenciaram essa transição de forma mais intensa, com o esvaziamento em massa de diversas indústrias, principalmente no eixo do rio Tamanduateí, como é o caso de Santo André, o que fez surgir enormes vazios urbanos (Scifoni, 1994) e áreas degradadas. Alguns lotes já foram reutilizados para fins residenciais, comerciais e de escritórios. Outros locais, no entanto, seja por falta de demanda do mercado, pela pouca atratividade, pelo valor alto do terreno, seja pela existência de passivos ambientais, estão paralisados, sem nenhuma perspectiva de reutilização e revitalização.

A desindustrialização não é a única causa da existência de áreas vazias e abandonadas nessa região; outros motivos contribuíram para a construção desse cenário, como a especulação imobiliária e a falta de planejamento e de políticas urbanas, o que gerou áreas residuais.

Essas áreas degradadas, que estão espalhadas por todo o território de São Bernardo, têm diversas origens e se apresentam em diferentes formas: praças não urbanizadas (Figura 215 à Figura 217), lotes vazios com

---

3 São Bernardo do Campo. Sumário de Dados de 2010 – Base 2009. Fonte: IBGE/Censos Demográficos PMS-BC/Secretaria de Planejamento e Tecnologia da Informação (estimativas) de São Bernardo do Campo.
4 O Grande ABC é formado pelos municípios de Santo André, São Bernardo do Campo, São Caetano do Sul, Diadema, Mauá, Ribeirão Pires e Rio Grande da Serra.

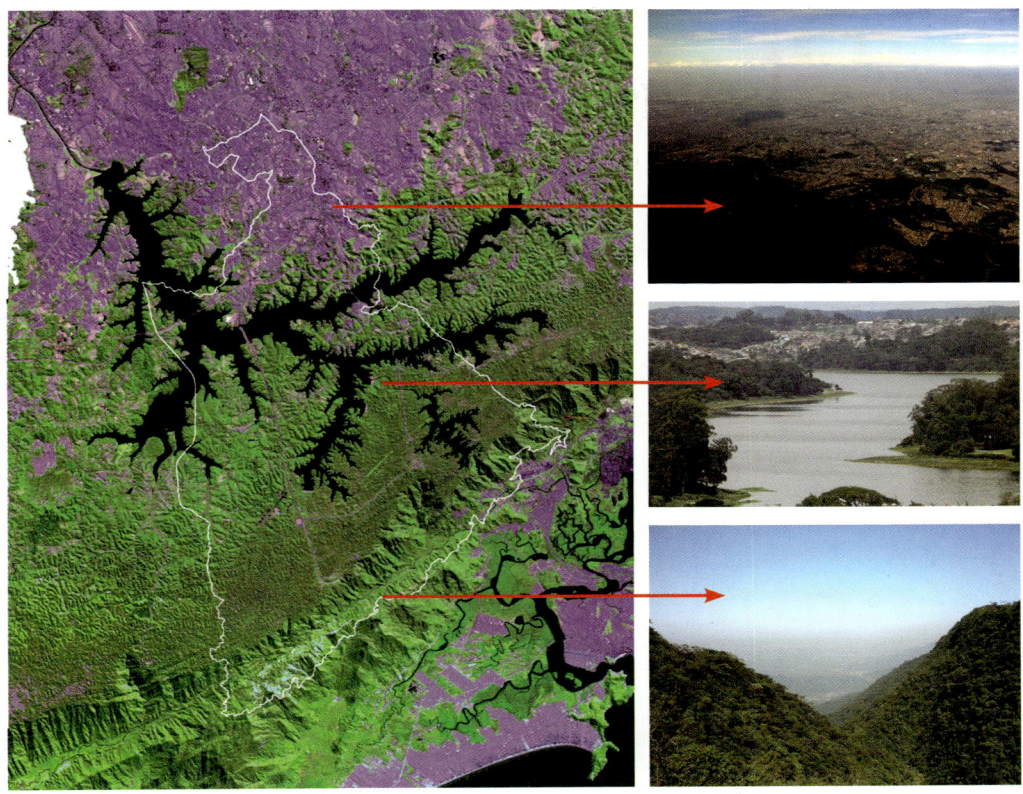

RAIO-X DA DEGRADAÇÃO URBANA EM SÃO BERNARDO DO CAMPO 189

Figura 211. Acima, à esquerda, em imagem obtida por satélite, é possível notar o gradiente de ocupação no município de São Bernardo.
O processo é mais bem-definido e detalhado nas imagens menores, à direita, indicadas por setas vermelhas. Fonte: Patrícia Sanches, a partir de imagens geradas pelo satélite Landsat, em 2011, disponibilizadas pelo Instituto Nacional de Pesquisas Espaciais (Inpe).

Figura 212. Topo, imagem aérea que retrata a transição do gradiente de urbanização da cidade altamente urbanizada para as áreas de proteção aos mananciais. Foto: Susanne Klemz Adam.

Figura 213. Ao centro, áreas de manancial compostas de áreas preservadas e assentamentos urbanos irregulares crescentes, considerados um risco para a preservação ambiental do local. Foto: Ricardo Alexandre de Oliveira.

Figura 214. Acima, extremo sul do município, que abriga o Parque Estadual da Serra do Mar, onde a urbanização ainda não chegou. Foto: Carlos Eduardo Cestari.

Figura 215, Figura 216 e Figura 217. Praças não urbanizadas em São Bernardo do Campo. Fotos: Patrícia Sanches.

Figura 218, Figura 219 e Figura 220. Áreas vazias: terrenos particulares e públicos em São Bernardo do Campo. Fotos: Patrícia Sanches.

Figura 221, Figura 222 e Figura 223. Indústrias e galpões abandonados em São Bernardo do Campo. Fotos: Patrícia Sanches.

Figura 224, Figura 225 e Figura 226. Áreas de infraestrutura ociosa, como oleodutos e torres de alta-tensão, em São Bernardo do Campo. Fotos: Patrícia Sanches.

Figura 227, Figura 228 e Figura 229. Margens de córrego e bacias de detenção (piscinão) degradadas em São Bernardo do Campo. Fotos: Patrícia Sanches.

solo exposto ou vegetação rasteira (Figura 218 à Figura 220), terrenos com instalações ou galpões industriais abandonados (Figura 221 à Figura 223), terrenos com infraestrutura subutilizada, como áreas com torres de alta-tensão ou oleodutos (Figura 224 à Figura 226), piscinões e áreas degradadas marginais a cursos d'água (Figura 218 à Figura 220).

PERFIL E DIAGNÓSTICO SOCIOAMBIENTAL DA CIDADE

A proposta de transformação das áreas degradadas em áreas verdes urbanas parte da premissa de que elas precisam cumprir funções infraestruturais, ou seja, devem ser um dos componentes principais da infraestrutura verde, para construir uma paisagem de alto desempenho. Foi realizado, então, um diagnóstico da cidade de São Bernardo, levando em conta os pilares conceituais da infraestrutura verde (drenagem, mobilidade, lazer/recreação e biodiversidade). Com esse estudo, chegou-se a algumas conclusões que fortalecem a ideia da criação de áreas verdes tendo em vista o uso de áreas degradadas.

A primeira questão levantada no diagnóstico é a da mobilidade na cidade, que se caracteriza pelo uso do automóvel como meio de transporte principal. O crescimento e o desenvolvimento da cidade de São Bernardo ocorreram principalmente em função do eixo rodoviário Anchieta. Diferentemente de algumas cidades do ABC (Santo André, São Caetano, Mauá, Ribeirão Pires e Rio Grande da Serra), São Bernardo não dispõe de transporte ferroviário. A inauguração do Rodoanel, em 2009, que interliga a Via Imigrantes e a Via Anchieta, reforça ainda mais o modelo rodoviarista, estendido para o tecido intraurbano, que atinge, hoje, a proporção de um automóvel para dois habitantes.

Há, porém, um dado relevante que faz contraponto a essa situação: 26,7% da população, em 2009, deslocava-se a pé até os destinos desejados,[5] mesmo não havendo caminhos seguros e agradáveis para os pedestres. A criação de novas áreas verdes lineares e interligadas, conectadas a nódulos de articulação intermodal, como terminais de ônibus, tornaria possível a criação de novas rotas exclusivas para pedestres, incentivando e aumentando o fluxo e o meio de condução a pé. Os ciclistas, cujas bicicletas representam atualmente apenas 0,9% do total de tipos de transporte, também poderiam ser beneficiados com ciclovias implantadas nessas mesmas rotas.

---

5   Prefeitura de São Bernardo do Campo, Sumário de dados 2009.

A combinação de um transporte coletivo eficiente e rápido com uma rede de áreas verdes públicas localizadas estrategicamente e que disponham de espaços agradáveis e atraentes para a caminhada ou o ciclismo pode, portanto, estimular a população a deixar de utilizar o automóvel e optar por um tipo de condução mista: o transporte coletivo complementado pela locomoção a pé ou de bicicleta.

Outra questão preocupante é a drenagem das águas urbanas, considerando que a cidade é permeada por rios. No entanto, a maior parte deles foi canalizada, e suas margens, estranguladas pelo sistema viário. Esses fatores antrópicos, somados ao fator natural do próprio relevo, constituído por planícies aluvionares,[6] agravam esse cenário, o que resulta em inundações anuais recorrentes. Contraditoriamente, as autoridades municipais de São Bernardo do Campo têm adotado uma postura a favor da canalização sistemática e generalizada dos cursos d'água na cidade, o que provoca o aumento da vazão e transpõe o problema das enchentes mais a jusante, criando outros novos pontos críticos de alagamento.

Atualmente, apenas 16% das praças e parques de São Bernardo estão contidos, total ou parcialmente, em Áreas de Preservação Permanente (APP) ao longo dos cursos d'água e nascentes. Dentre essas áreas verdes, são poucas as que contribuem para reter e diminuir a vazão das águas em períodos de cheias, em virtude da canalização e dos fechamentos (em galerias) de seus respectivos córregos e rios, como é o caso do espaço verde do Paço Municipal. Nesse local há a confluência de dois córregos canalizados em galerias subterrâneas. Em períodos de fortes chuvas, essas galerias transbordam e causam grandes estragos em edificações da prefeitura. No mapa da Figura 230, que mostra as áreas verdes e as áreas sujeitas à inundação na sub-bacia do Tamanduateí, pode-se ver a baixa correlação ou sobreposição que há entre elas.

A curto prazo, a solução paliativa que se encontrou foi a construção de reservatórios de detenção, mais conhecidos como piscinões, para remediar a situação em uma malha urbana já consolidada. A função desses reservatórios é retardar o escoamento das águas, armazenadas temporariamente, que depois são liberadas de modo lento no sistema de drenagem e nos cursos de água. Atualmente, a cidade possui dez reservatórios de detenção (Figura 230), cuja manutenção e eficácia são questionáveis.

---

6   Aplainados de fundos de vale naturalmente passíveis de inundações.

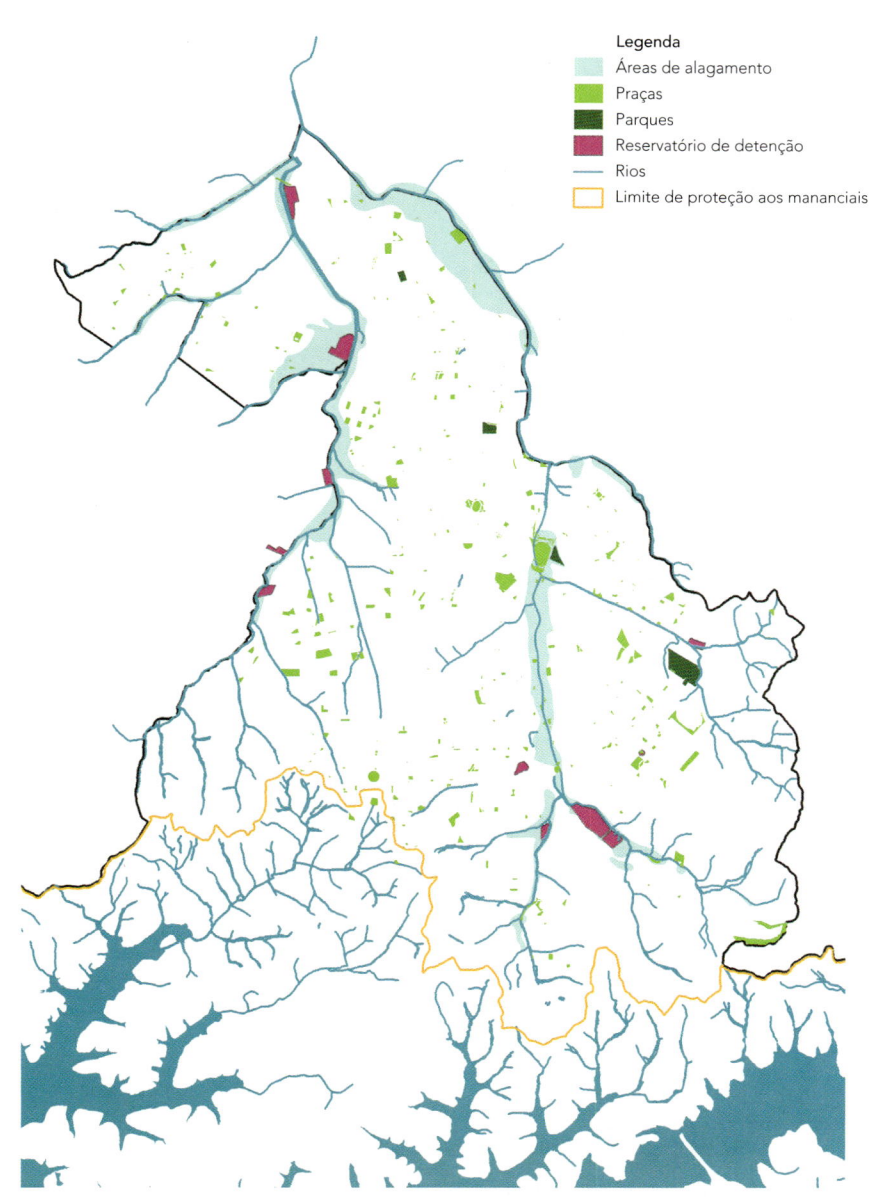

Legenda
- Áreas de alagamento
- Praças
- Parques
- Reservatório de detenção
- Rios
- Limite de proteção aos mananciais

Figura 230. Mapa da rede hídrico-ambiental da área de estudo, em São Bernardo do Campo.

A regeneração e a renaturalização das margens degradadas dos cursos d'água, com matas ciliares e áreas verdes públicas, permitiria maior controle das inundações. Outros espaços livres vegetados espalhados pela cidade, não só a jusante do rio, mas também a montante e nas principais linhas de drenagem (caminho natural das águas), contribuem para o amortecimento da vazão hídrica e para a redução do escoamento superficial, com a percolação das águas no subsolo. A vegetação ao longo de vias, como canteiros, praças e calçadas, auxiliam na filtragem da poluição difusa,[7] e os alagados naturais ou artificiais construídos próximo aos cursos d'água podem atuar no tratamento primário de efluentes, diminuindo a carga de poluentes.

Somado a isso, a escassez de áreas verdes para fins recreacionais, contemplação, lazer e prática esportiva – diante do contingente populacional que a cidade abriga – é também outro aspecto que necessita de melhorias. Atualmente, existem apenas 2,66 m² de praças e parques para cada habitante. A implementação de novas áreas com esse caráter pode auxiliar na sociabilização, coesão e inclusão social, assim como na redução da criminalidade.

Do ponto de vista da ecologia da paisagem, as áreas verdes urbanas podem funcionar como corredores e trampolins ecológicos[8] de conexão entre as florestas de mata atlântica ao sul da cidade (Áreas de Proteção dos Mananciais e Parque Estadual da Serra do Mar) e os fragmentos florestais próximos à área urbana consolidada ao norte, como o Parque do Estado e a Área sob a Proteção Especial Chácara da Baronesa (Figura 231). Essa conexão promove o aumento do fluxo gênico e da biodiversidade urbana, além de auxiliar nos projetos de restauração ecológica na cidade.

Com o auxílio do diagnóstico socioeconômico e ambiental de São Bernardo do Campo, a proposta de conversão das áreas degradadas em áreas verdes foi analisada com o uso da ferramenta SWOT,[9] conforme se observa no Quadro 8, na qual é possível ter uma visão mais clara dos pontos positivos, negativos e das oportunidades e ameaças identificadas.

---

7   O termo "poluição difusa" é utilizado para denominar as partículas de poluentes, poeira, fuligem, cinzas e compostos químicos que se encontram nas vias públicas e que, com o escoamento superficial das águas pluviais, são carregados para os corpos hídricos.

8   Segundo o Conselho Nacional de Reserva da Biosfera da Mata Atlântica, trampolins ecológicos são "áreas estratégicas que funcionam como "ilhas" e podem tanto facilitar o fluxo gênico de espécies que transitam por uma matriz não florestal quanto ajudar no planejamento e implementação de corredores biológicos. Em alguns casos, ajudam a aumentar a representatividade de algumas unidades de paisagem". Disponível em http://www.rbma.org.br/anuario/mata_06_fap_capitulo_5_pag3.asp. Acesso em set. de 2013.

9   Análise SWOT é uma ferramenta utilizada para examinar um cenário ou um ambiente, dentro de um plano de gestão e planejamento estratégico. A técnica é creditada a Albert Humphrey, que liderou um projeto de pesquisa na Universidade de Stanford nas décadas de 1960 e 1970. O termo SWOT é uma sigla oriunda do idioma inglês, formada pelas letras iniciais das palavras Forças (Strengths), Fraquezas (Weaknesses), Oportunidades (Opportunities) e Ameaças (Threats).

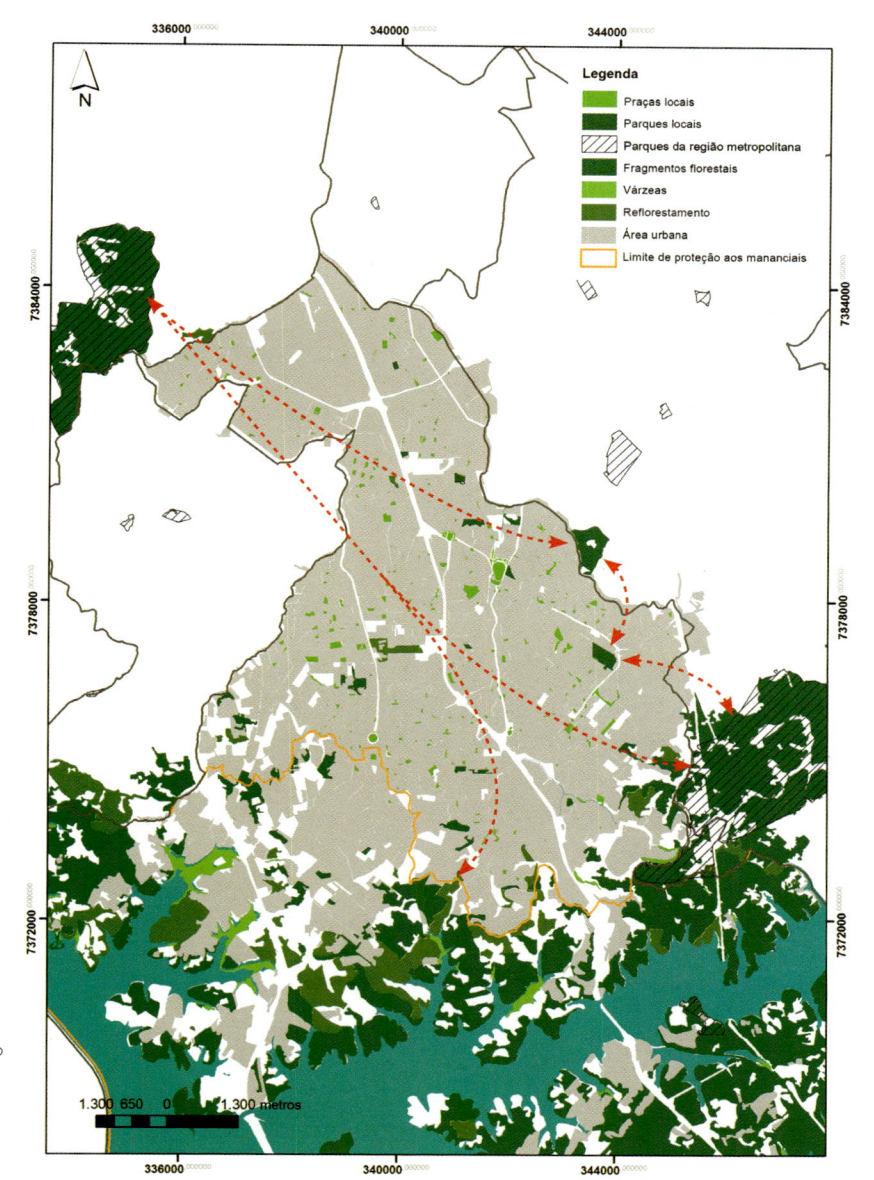

Figura 231. Mapa das manchas de vegetação nativa: parques e área de manancial com as rotas pontilhadas em vermelho, mostrando as possíveis conexões.

Quadro 8. Análise SWOT da conversão das áreas degradadas em áreas verdes

		Ajuda	Atrapalha
Origem do fator	**Interna** (Prefeitura de SBC: Planejamento e gestão das áreas verdes)	Pontos fortes – Legislação: ZEIA/Operação Urbana Ambiental. – Oferta de áreas vazias, abandonadas e subutilizadas.	Pontos fracos – Não há programas e políticas públicas que incentivem a aquisição e a criação de novas áreas verdes. – Não há nenhum plano de sistema de áreas verdes formalizado. Existe apenas a intenção.
	Externa (São Bernardo do Campo)	Oportunidades – Floresta de mata atlântica na área de proteção aos mananciais, Parque Estadual da Serra do Mar e Parque do Estado. – Demanda por mais áreas verdes (déficit). – 26% da população – condução a pé. – Possibilidade de minimização das enchentes com aumento de áreas verdes.	Ameaças/Barreiras – Especulação imobiliária – alto valor da terra. – Manutenção do modelo rodoviarista. – Pressão antrópica: avanço da ocupação irregular em áreas vazias e abandonadas.

As Zonas Ambientais de Interesse Social e a Operação Urbano-Ambiental estabelecidas no Plano Diretor de 2006 são vistas como ponto "interno" forte do planejamento e gestão das áreas verdes urbanas, já que esses instrumentos viabilizam e legitimam legalmente a intervenção em locais abandonados, vazios e subutilizados, abrindo um leque de opções para a criação de novas áreas verdes. Entretanto, a ausência de políticas públicas e de programas que utilizem a legislação para aprofundamento do tema, e sua não priorização na agenda governamental, impedem que a questão seja enfrentada. Um plano de áreas verdes poderia contribuir tanto no direcionamento quanto no processo de avaliação das áreas degradadas, ao considerar que a relação com as futuras áreas verdes viria a promover, a longo prazo, melhor qualidade ambiental na cidade.

Há também os fatores externos, entendidos como oportunidades na medida em que podem encorajar a iniciativa de converter áreas degradadas em áreas verdes: (1) a parcela significativa de pessoas que utiliza o transporte a pé e que poderia aumentar se as novas áreas verdes fossem providas de maior número de rotas alternativas e agradáveis aos pedestres; (2) a grande demanda da população por novas áreas verdes destinadas ao lazer; (3) a proximidade com as florestas de mata atlântica preservadas na área de manancial, no Parque Estadual da Serra do Mar e no Parque do Estado, em São Paulo, e que favorece a recuperação e a recolonização da flora e da fauna nativa, assim como a sucessão ecológica dessas áreas vazias e abandonadas; (4) a necessidade urgente de minimização e controle das enchentes. Enfim, todos esses fatores fortalecem a ideia de criar mais áreas verdes, aumentando a capacidade de retenção e infiltração das águas no subsolo.

Uma das ameaças externas é a especulação imobiliária, que resulta na supervalorização da terra, a ponto de inviabilizar sua aquisição para criar e desenvolver novos espaços livres. Esse fenômeno pode provocar divergências de interesses entre o poder público e a iniciativa privada na destinação do novo uso, priorizando outras atividades potenciais, supostamente mais rentáveis. Outra barreira é a ocupação irregular crescente, principalmente nos espaços livres de propriedade pública, que esbarra nos problemas sociais de déficit habitacional e de regularização fundiária, deixando escapar a oportunidade de qualificar a área e transformá-la em um bem de uso público. Por último, não se pode deixar de mencionar o risco potencial de contaminação de algumas áreas degradadas, o que acarreta o encarecimento do projeto de revitalização e conversão em áreas verdes, devido aos custos de remediação. Apesar de a investigação sobre o risco potencial de contaminação não ser o escopo dessa pesquisa, é importante ressaltar que ela deve ser realizada logo após a avaliação preliminar do potencial de cada área.

Embora haja um contexto cheio de oportunidades para a conversão de áreas degradadas em áreas verdes, o sucesso dessa transformação também depende da capacidade da gestão pública de vencer os obstáculos e criar um ambiente favorável à implantação de políticas eficazes. É essencial buscar o apoio e envolvimento da comunidade, assim como o conhecimento e a experiência de outros segmentos da sociedade (ONGs, universidades, associações, etc.) interessados nessa transformação.

O ponto de partida para a definição do recorte do estudo de caso no município de São Bernardo do Campo foram as bacias e sub-bacias hidrográficas, entendidas como unidades de planejamento, uma vez que a rede de drenagem está totalmente correlacionada com os espaços vegetados e com o sistema viário. A sub-bacia do Tamanduateí, dentro dos limites político-administrativos de São Bernardo (Figura 232), foi escolhida como recorte de estudo de caso pelas seguintes razões:

- ▶ essa sub-bacia corresponde à maior parte da área urbana consolidada, abrigando 74% da população;
- ▶ apesar da alta densidade construída e demográfica, a região tem vazios urbanos de diversas origens (desindustrialização, especulação imobiliária, etc.), que estão localizados, em geral, em áreas de rica infraestrutura, construindo um cenário favorável e cheio de oportunidades;
- ▶ considerando o grande contingente populacional, há escassez de áreas verdes; no momento, a região tem apenas quatro parques;
- ▶ como as principais políticas públicas estão voltadas para a área de proteção aos mananciais, há carência de projetos e programas de melhoria da qualidade ambiental dessa bacia;
- ▶ a proximidade com os remanescentes florestais da área de proteção aos mananciais, ao sul e a sudeste, e com o Parque do Estado, ao norte, reconhecidas como formações florestais, pode favorecer o processo de recolonização da flora e fauna nativas e a sucessão ecológica de áreas vazias e abandonadas na sub-bacia do Tamanduateí;
- ▶ próximo às áreas degradadas, foram mapeados terrenos com fragmentos de mata, classificados como "áreas vegetadas de acesso privado", que se assemelham a oásis inseridos na malha urbana densamente construída, os quais têm potencial para serem protegidos, ampliados e transformados em áreas verdes, como bosques e jardins privados.

No próximo capítulo, o enfoque estará voltado, especificamente, para o estudo de caso (o recorte da cidade de São Bernardo), no qual serão apresentadas as áreas degradadas, assim como os critérios e diretrizes necessários para conduzir uma avaliação qualitativa de seu potencial de recuperação e conversão em áreas verdes.

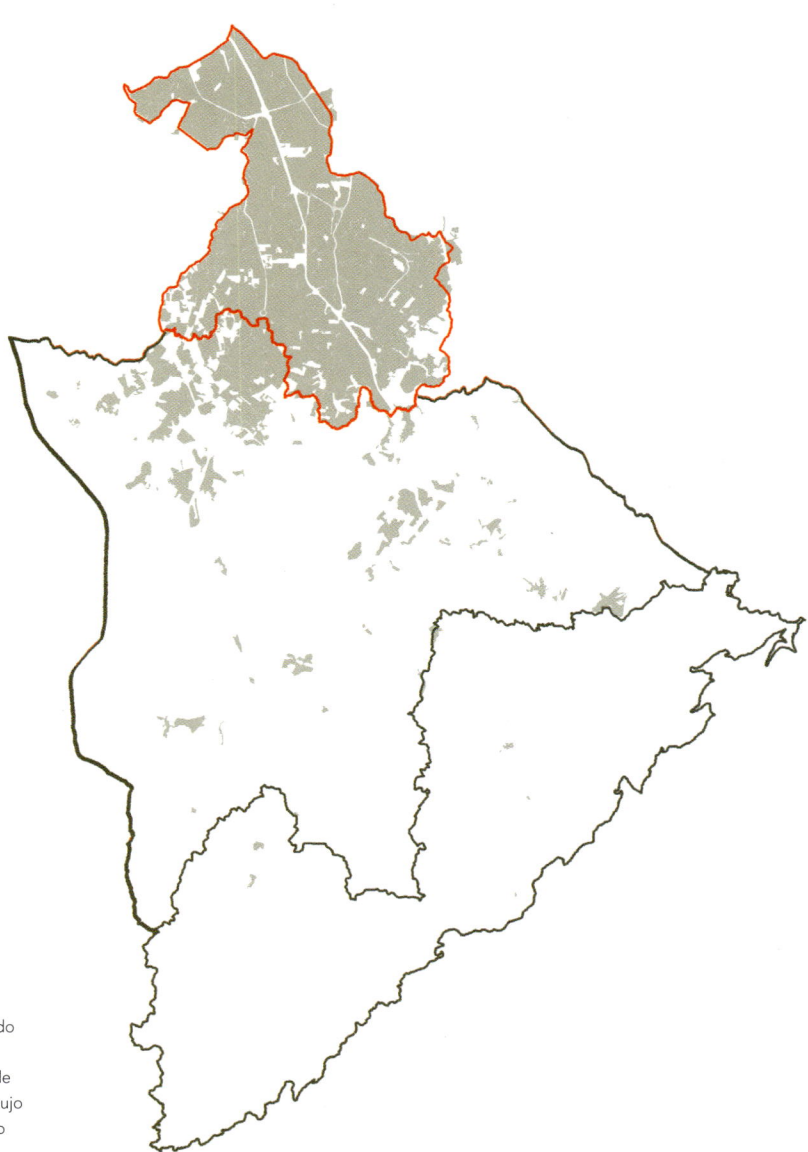

RAIO-X DA DEGRADAÇÃO URBANA EM SÃO BERNARDO DO CAMPO   199

Figura 232. Mapa do estudo de caso: sub-bacia do Tamanduateí no território de São Bernardo do Campo, cujo perímetro é destacado pelo contorno vermelho.

DIRETRIZES PARA ANALISAR E AVALIAR UMA ÁREA DEGRADADA

MAPEAMENTO DA DEGRADAÇÃO EM SÃO BERNARDO DO CAMPO

No estudo de caso de São Bernardo do Campo, as áreas degradadas foram identificadas e mapeadas por meio de técnicas de interpretação visual de imagens atuais, obtidas por satélite, e de ortofotos da Emplasa, datadas de 2007.

A interpretação de imagens exigiu a leitura, a análise e a fotointerpretação. A etapa de leitura consistiu na interpretação preliminar, ou seja, no reconhecimento inicial de feições que se encontravam nas imagens. Já a análise exigiu certo conhecimento técnico para que as feições e os objetos fossem identificados e ordenados. E, por fim, a fotointerpretação explicou os objetos identificados nas etapas anteriores, o que envolveu raciocínio lógico, dedutivo e indutivo (Roggero, 2009).

No total, foram mapeadas 61 áreas degradadas, ou seja, áreas vazias, abandonadas ou subutilizadas, cujo somatório corresponde a 8% do território da sub-bacia do Tamanduateí – o estudo de caso de São Bernardo do Campo, no estado de São Paulo. O mapa da Figura 233 ilustra as áreas

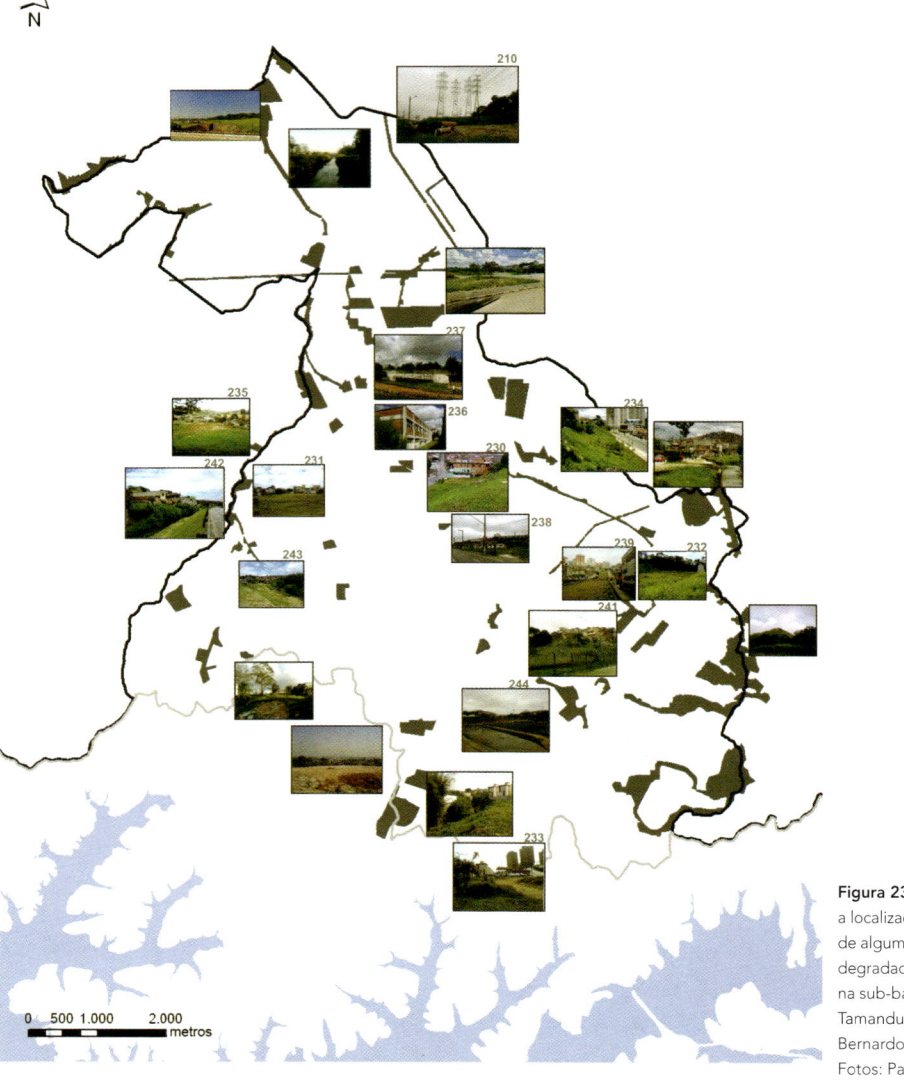

Figura 233. Mapa com a localização e imagens de algumas áreas degradadas mapeadas na sub-bacia do Tamanduateí, em São Bernardo do Campo. Fotos: Patrícia Sanches.

degradadas (em cinza) e suas respectivas imagens sobrepostas ao mapa apresentam as diversas tipologias de degradação.

No levantamento, um dos critérios adotados para a seleção inicial foi a definição de que a área mínima de glebas, lotes ou propriedades degradadas deveria ser de 1 ha, com as seguintes características:

- terrenos vazios, com solo exposto ou com cobertura vegetal (espécies pioneiras) parcial;
- áreas abandonadas, que abrigam alguma instalação ou galpão sem uso;
- áreas subutilizadas ou parcialmente ocupadas por estacionamentos, linhas de alta-tensão, linhas férreas desativadas ou dutos (de óleo, gás ou água);
- margens de cursos d'água (Áreas de Preservação Permanente – APP)[1] degradadas, porém sem ocupação humana.

A escolha por áreas com o mínimo de 1 ha, o que equivale a uma quadra urbana média, foi embasada em estudos anteriores sobre padrões e critérios de qualidade e acessibilidade de áreas verdes urbanas, como o Plano Diretor de São Paulo de 1971 e Handley (2003). Isso não significa que esteja descartada a ideia de que, muitas vezes, áreas degradadas menores do que 1 ha possam ser transformadas em áreas verdes, tendo uma função social muito importante na comunidade. A adoção dessa área mínima também está relacionada com as questões de viabilidade e exequibilidade da pesquisa realizada em São Bernardo do Campo. Considerando o porte e a escala da cidade, foi necessário, portanto, impor algumas restrições e limites físicos.

Após o mapeamento, as áreas degradadas de São Bernardo do Campo foram classificadas em sete categorias que correspondem à sua caracterização e ao uso atual, podendo ocorrer mais de um tipologia dentro da área degradada:

- edificação ou galpão abandonados;
- área de servidão de passagem para linhas de alta-tensão ou gasoduto;
- área de mineração desativada;
- margens degradadas de curso de água;
- reservatório de retenção (piscinão);
- estacionamento subutilizado;
- terreno vazio/baldio (podendo ter indícios de desmatamento).

---

1 As APPs são áreas de alto valor ecológico, que, de acordo com Código Florestal (Lei Federal nº 4.771 de 1965), podem ser "cobertas ou não por vegetação nativa e têm a função ambiental de preservar os recursos hídricos, a paisagem, a estabilidade geológica, a biodiversidade, o fluxo gênico da fauna e da flora, e de proteger o solo e assegurar o bem-estar das populações humanas". As APPs estão situadas ao longo de cursos de água, margens de lagoas, lagos, reservatórios artificiais, nascentes, topos e encostas de morro, restingas e nas áreas com altitude superior a 1.800 m, qualquer que seja a vegetação.

Os terrenos vazios ou baldios foram identificados pela ausência de edificação e a presença de vegetação rasteira e arbustiva ou de solo exposto. Para a identificação das margens de córregos, reservatórios de detenção, linhas de alta-tensão e áreas de mineração, foi necessária a consulta a mapas hidrográficos, de uso do solo da Emplasa e de mapas da própria Prefeitura de São Bernardo do Campo.

As áreas desmatadas que foram identificadas geralmente eram clareiras ou grandes áreas de vegetação arbustiva e que se encontravam perto de remanescentes florestais ou áreas naturais preservadas. É necessário considerar, no momento da realização dessa análise, o ecossistema local e as formações vegetais, para que campos naturais ou várzeas não sejam entendidos como áreas desmatadas.

As edificações e os galpões abandonados foram identificados inicialmente pela técnica de fotointerpretação. A ausência de cargas, caminhões ou carros nos estacionamentos abertos e as coberturas danificadas dos galpões indicavam o abandono da área. Nesse caso, foi necessário usar imagens de satélite de ampla resolução e, posteriormente, fazer visitas de campo.

Muitos lotes, identificados como degradados, foram agrupados e avaliados como uma única área, em virtude da semelhança na forma e no uso do solo atual e por estarem lado a lado ou separados apenas por ruas locais. Por exemplo, áreas de servidão de passagem subutilizadas, que abrigam linhas de alta-tensão, separadas entre si por ruas locais, foram consideradas uma única área degradada. Já as áreas degradadas separadas por grandes avenidas e rodovias não foram agrupadas.

Foram mapeadas também as áreas verdes, não acessíveis ao público, de propriedade privada ou de órgão público, consideradas significativas em termos de porte e composição vegetal, e que não tinham nenhum uso definido. Essas áreas foram denominadas na pesquisa como "áreas vegetadas de acesso privado ou restrito" e foram levadas em consideração, de forma a correlacioná-las com as áreas degradadas potenciais (Figura 234).

Legenda
- Áreas degradadas
- Áreas verdes (propriedade privada)
- Área urbana
- Limite de proteção aos mananciais

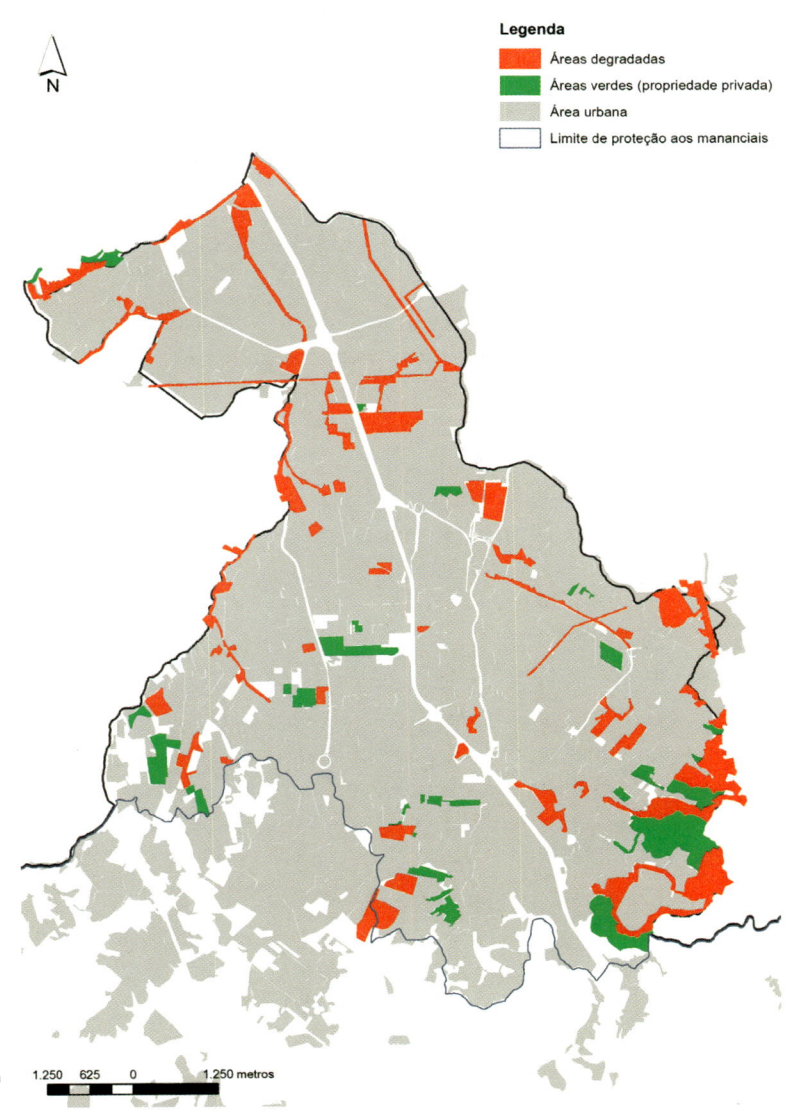

Figura 234. Mapa das áreas degradadas e das áreas verdes privadas do estudo de caso, em São Bernardo do Campo.

CRITÉRIOS DE ANÁLISE E AVALIAÇÃO QUALITATIVA

Com um diagnóstico socioeconômico e ambiental do estudo de caso e o mapeamento das áreas degradadas existentes, tem-se o embasamento necessário para avaliar as potencialidades de cada área degradada, partindo-se da premissa de que essas áreas possam desempenhar múltiplas funções como áreas verdes, ou seja, seguindo os princípios da infraestrutura verde.

Um estudo mais aprofundado sobre pesquisas voltadas para a avaliação e recuperação de áreas degradadas, convertendo-as em áreas verdes, coordenadas por instituições e universidades reconhecidas e órgãos governamentais,[2] assim como casos e experiências de sucesso, indicaram que os critérios de avaliação podem ser numerosos e interdisciplinares, abrangendo uma gama de assuntos relacionados a questões ecológicas e a serviços ambientais, drenagem urbana, lazer, inclusão social e mobilidade. A definição dos critérios apresentados aqui partiram de uma extensa pesquisa de mestrado[3] sobre metodologias que se encontram na literatura nacional e internacional. Como a premissa é de que as áreas verdes tenham um papel multifuncional na cidade, os critérios foram também norteados pelos princípios da infraestrutura verde e agrupados de acordo com sua finalidade e função, o que resultou em três grandes grupos: ecológico, hídrico e social.

Grupo ecológico

Nesse grupo, o foco está em como as áreas degradadas podem devolver à cidade serviços ecossistêmicos valiosos, mediante a preservação dos processos e recursos naturais que existem no local (nascentes, rios, matas ciliares, várzeas naturais, maciços arbóreos, formações florestais) ou mediante o enriquecimento e até mesmo a restauração ecológica do ambiente degradado.

Um dos elementos-chave nesse contexto é a biodiversidade. Mas qual é a importância da manutenção ou melhoria da biodiversidade nas cidades, uma vez que essas áreas ocupam apenas 1% do território nacional? Apesar disso, as cidades abrigam a maioria da população brasileira, ou seja, aproximadamente 85%. Isso implica a necessidade de uma área muito maior do que os limites urbanos, estendendo seus "tentáculos" até as áreas agrícolas e reservas naturais, para suprir as cidades de alimento,

---

[2] O estudo compreendeu a compilação de diferentes métodos de avaliação de conversão de áreas degradadas em áreas verdes públicas, como Public Benefit Recording System (PBRS); Green Network Vacant and Derelict Land Study (2006); Herbst (2001); The Trust for Public Land (TPL) – Park Score; Thrall, Swanson & Nozzi (1988); Development of Urban Green Spaces to Improve the Quality of life in Cities and Urban Regions (URGE) (2004);e Greenspace Quality (2008). Essas metodologias constituem importantes referências no processo de construção de critérios próprios para a realidade brasileira.

[3] P. M. Sanches, *De áreas degradadas a espaços vegetados: potencialidades de áreas vazias, abandonadas e subutilizadas como parte da infraestrutura verde urbana*, dissertação de mestrado (São Paulo: FAU-USP, 2011). Disponível em http://www.teses.usp.br/teses/disponiveis/16/16135/tde-05122011-100405/pt-br.php. Acesso em mar. de 2014.

matéria-prima para produção industrial e de outros recursos naturais e energia.

Um ambiente urbano com alta diversidade biológica está mais equilibrado e menos vulnerável ambientalmente às mudanças climáticas, desastres naturais de diversas ordens e adversidades que podem afetar diretamente a sociedade urbana quanto à segurança alimentar, saúde e habilitabilidade no ambiente urbano. Quando existe uma alta biodiversidade, inclusive nas cidades, os serviços ambientais prestados à população são potencializados, como o suprimento de água, o ar e solo limpos e o controle biológico de pragas e vetores de doenças, que, muitas vezes, não são valorados e contabilizados no balanço econômico do município nem nos custos e investimentos governamentais.

Um exemplo simples, mas muito claro, é o que vem ocorrendo não só na cidade de São Bernardo do Campo mas também em todo o ABC e na capital paulista, com a perda diária de uma quantidade significativa de árvores, em virtude de uma praga chamada mosca-branca (*Bemisia tabaci*), que tem como principal hospedeira a espécie arbórea *Ficus benjamina*, vulgarmente conhecida como figueira ou fícus.[4] Como em São Bernardo do Campo, durante décadas, a questão da biodiversidade na arborização viária nunca foi considerada importante, e só se plantava esse tipo de espécie exótica, agora se assiste a uma mortalidade alta de árvores e ao agravamento da qualidade ambiental na cidade.

Uma área verde com alta biodiversidade está mais próxima do equilíbrio ecológico dinâmico que se vê em um ecossistema preservado e, portanto, mais resiliente[5] às adversidades de origem natural ou antrópica. Ela é autossustentável, ou seja, se mantém sem a interferência humana, poupando a municipalidade de gastos com manutenção, como despraguejamento ou pesticidas, roçadas de extensos gramados e podas de jardins manicurados. É mais aconselhável que algumas áreas verdes urbanas sejam estrategicamente concebidas com enfoque na biodiversidade, como a criação de hábitats ao longo dos córregos, áreas de servidão e outras áreas ociosas, em miolos de quadras, propiciando maior conectividade e diversidade ecológica.

---

4 C. M. de Castro, "Mosca-branca é causa das mortes de árvores em São Paulo". Disponível em http://www.biologico.sp.gov.br/noticias.php?id=325. Acesso em mar. 2014.
5 Resiliência é a capacidade do ambiente de voltar à sua forma original depois de uma perturbação ou um distúrbio, seja de origem natural, seja antrópica, tais como: as pragas que dizimam determinada espécie arbórea; a contaminação temporária por uma substância tóxica em um rio, no solo ou no ar; enchentes; erosões e mudanças do microclima urbano. Em outras palavras, é o limite de resistência do ecossistema a uma mudança para que não se converta numa situação irreversível.

Analisando pelo viés da funcionalidade ecossistêmica, a biodiversidade deve ser vista como um bem comum, e não como um atributo que pertence a uma propriedade particular. Dentro dessa perspectiva, os conceitos da ecologia da paisagem[6] foram considerados fundamentais para a composição de critérios de análise, a fim de entender e responder às questões de biodiversidade na escala urbana. Portanto, ao analisar e avaliar o potencial de áreas degradadas, o que se pretende, do ponto de vista ecológico, é:

- a promoção do aumento da diversidade ecológica urbana;
- a garantia do uso sustentável dos recursos naturais existentes;
- a garantia do pleno funcionamento dos serviços ambientais à cidade;
- a contribuição para uma cidade mais resiliente.

Assim, o primeiro critério focado nas funções ecológicas é a diversidade do hábitat. O potencial que a área degradada tem de abrigar maior biodiversidade, caso a área seja recuperada ou até mesmo restaurada, tem como variáveis:

- o tamanho da área degradada;
- a presença de área natural preservada contígua ao terreno;
- a presença de maciços arbóreos, matas ciliares, várzeas naturais ou outras formações vegetais no interior da área degradada.

De acordo com a ecologia da paisagem, a premissa é de que quanto maior for a área, maiores serão as probabilidades ou chances de abrigar maior diversidade de espécies (Urge, 2004; Herbst, 2001; Forman, 1995; Forman, Dramstad & Olson, 1996), o que as tornará menos vulneráveis a distúrbios externos. Na situação hipotética 1 da Figura 235, a mancha tem uma área maior que a situação hipotética 2 e, portanto, apresenta maior diversidade de espécies, representada pelos triângulos, quadrados e círculos.

Vamos tomar como exemplo duas áreas degradadas do estudo de caso de São Bernardo do Campo. A primeira é uma propriedade particular, com mais de 20 ha, que se localiza no extremo sul da sub-bacia do Tamanduateí, na estrada Galvão Bueno, no bairro do Demarchi (Figura 236), e apresenta vegetação predominantemente arbustiva e partes de solo exposto. Está próxima de remanescentes florestais em regeneração a sudeste (Figura 239 e Figura 240).

---

6   Ecologia da paisagem é a ciência que estuda a interação entre a sociedade humana e seu espaço de vida, natural e construído, com a finalidade de preservar os recursos naturais e os processos ecológicos em uma macroescala, ou seja, em escala da paisagem, seja ela urbana, seja rural.

Figura 235. Croqui que descreve a situação hipotética 1 e 2: correlação entre área e biodiversidade.

Figura 236. Imagem aérea da área degradada 1, no bairro do Demarchi, em São Bernardo do Campo. Fonte: Patrícia Sanches, a partir de ortofoto gerada pela Empresa Paulista de Planejamento Metropolitano AS (Emplasa).

Figura 237. Vista panorâmica da área degradada 1, com vegetação predominantemente arbustiva, em São Bernardo do Campo. Foto: Patrícia Sanches.

Figura 238. Vista panorâmica da área degradada 1, com porções de solo exposto, em São Bernardo do Campo. Foto: Patrícia Sanches.

Figura 239 e Figura 240. Imagens de fragmentos florestais adjacentes à área degradada 1 em São Bernardo do Campo. Fotos: Patrícia Sanches.

A segunda área está situada na avenida Álvares Guimarães, no bairro do Planalto, próximo à via Anchieta (Figura 241). Com uma área de 1,5 ha, a propriedade privada é um dos poucos vazios urbanos no bairro (Figura 242). Então, se analisarmos apenas a variável tamanho, veremos que a segunda área (com 1,5 ha) tem menor potencial de abrigar mais biodiversidade do que a primeira (com 20 ha).

Figura 241. Imagem aérea da área degradada 2, no bairro do Planalto, em São Bernardo do Campo. Fonte: Patrícia Sanches, a partir de ortofoto gerada por Emplasa.

Figura 242. Vista da área degradada 2 em São Bernardo do Campo. Foto: Patrícia Sanches.

Figura 243. O croqui exemplifica a influência do fragmento florestal (mancha – hábitat natural) preservado e adjacente a uma área degradada, que sob a análise da ecologia da paisagem, ao longo do tempo, pode ser considerada uma área única graças ao processo de sucessão natural. Fonte: Patrícia Sanches.

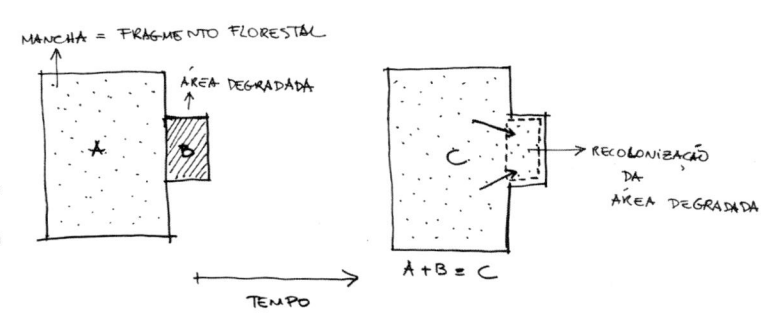

O segundo ponto é a existência de manchas de hábitats naturais preservadas – com predominância arbórea – contígua à área degradada. Da perspectiva da ecologia da paisagem, a área degradada junto à área verde compreende uma coisa só, porque, para os animais, não há limites fundiários, e sim hábitats adequados ou inadequados à sua sobrevivência, e uma cerca separando os dois terrenos não será impeditivo para a sucessão ecológica e a recolonização de espécies vegetais e animais. Pelo contrário, a polinização, a dispersão de sementes, será facilitada se houver uma área preservada adjacente (Figura 243).

No caso da área degradada 1, há remanescentes florestais a leste sem barreiras físicas que impeçam a recolonização e a sucessão ecológica da área. Dessa forma, a área ganha dimensões bem maiores do que realmente tem, se for considerado que essa área, a leste, também seja preservada. Portanto, a área 2 também perde para a área 1 nesse quesito, uma vez que não há área verde adjacente.

O terceiro aspecto é a diversidade de ecossistemas que podem existir ou têm potencial para a restauração ecológica na área degradada, de acordo com as características do local. Por exemplo, se uma área possui um córrego com mata ciliar parcialmente preservada, ou uma várzea que frequentemente é alagada ou um fragmento florestal em regeneração (estágio inicial a avançado), com espécies nativas locais, ela tem potencial para abrigar maior biodiversidade do que uma área degradada que apresenta, em sua maior parte, pastos cobertos por capins invasores e árvores isoladas. Isso porque os fragmentos florestais, as matas ciliares e as várzeas, além de conduzirem a uma maior complexidade estrutural e à heterogeneidade ambiental, são os tipos vegetacionais da paisagem natural de São Bernardo do Campo. Portanto, garantem as condições e os recursos aos quais a rica fauna silvestre local está adaptada.

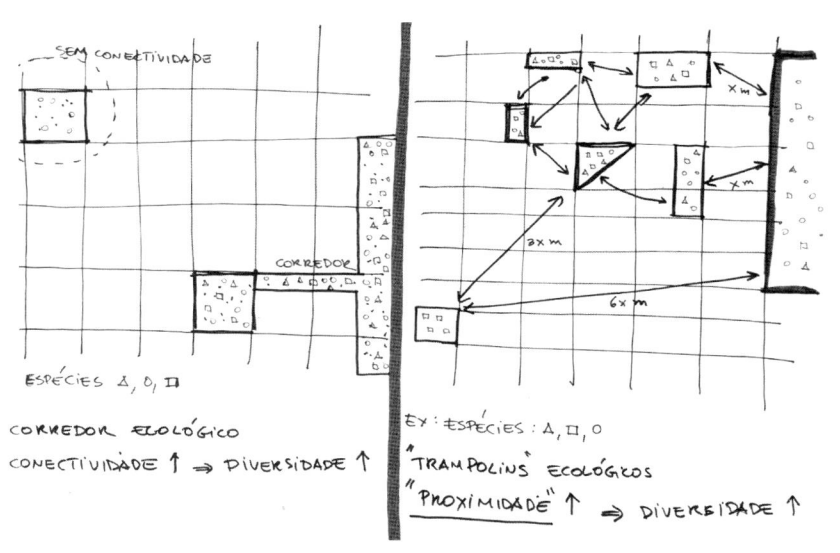

Figura 244. O croqui exemplifica a correlação da distância entre as áreas verdes e com a diversidade de espécies: quanto maior for a distância, menor será a diversidade, que aqui foi representada por triângulos, quadrados e círculos. Fonte: Patrícia Sanches.

Outro critério é a conectividade e a proximidade/isolamento, também muito aplicadas em ecologia da paisagem. Maior conectividade implica maior fluxo gênico entre as populações e maior possibilidade de as espécies recolonizarem a área. Isso diminui os efeitos negativos da fragmentação dos hábitats e permite a manutenção da biodiversidade.

Quando não é possível estabelecer uma conexão física entre as manchas verdes, por meio de parque linear ou corredor ecológico, a distância entre as áreas verdes torna-se um fator condicionante do sucesso dessa interação. Quanto maior for a distância, menor será a troca e o fluxo gênico entre as populações de determinada espécie, tornando-as vulneráveis à endogamia[7] e, consequentemente, à extinção local, conforme mostra o croqui da Figura 244. Na primeira situação, há duas manchas: uma delas encontra-se distante, com uma espécie ou poucas espécies (representadas pelos pequenos círculos), e outra mancha é conectada por um corredor ecológico a uma mancha maior, havendo mais de uma espécie em ambas (diversidade representada pelos círculos, quadrados e triângulos). Na segunda situação, não há corredores ligando as manchas, e o que determina a diversidade é a distância entre elas.

---

7   O termo endogamia refere-se ao cruzamento ou acasalamento de indivíduos com certo grau de parentesco, e aplica-se tanto a plantas como a animais.

A área degradada 1 apresenta maior potencial nesse quesito, pois está muito próxima a fragmentos florestais (Figura 245), a menos de 300 m de distância. Essa proximidade facilita o próprio processo de regeneração natural ou restauração ecológica da área degradada 1, o que promove o aumento do fluxo de espécies e o fluxo genético, contribuindo para o incremento da diversidade. Já a área 2 não apresenta nenhum remanescente florestal ou área verde com maciços arbóreos significativos em um raio de pelo menos 1 km, o que dificulta a sua restauração ecológica (Figura 246).

É importante ressaltar que as "manchas verdes" consideradas na análise das distâncias são fragmentos de mata ou áreas com densa arborização, seja em área pública, seja em área privada. Assim, nem sempre as praças nas quais as vegetações predominantes sejam gramados, herbáceas ou arbustos devem ser levadas em consideração, pois, embora possam ter um grande valor social, não têm valor ecológico relevante. No entanto, existem propriedades particulares – como a Reserva Particular do Patrimônio Natural (RPPN) –, próximas às áreas urbanas, que abri-

Figura 245. Distância da área degradada 1 de fragmentos florestais próximos. Fonte: Patrícia Sanches, a partir de ortofoto aérea produzida por Emplasa.

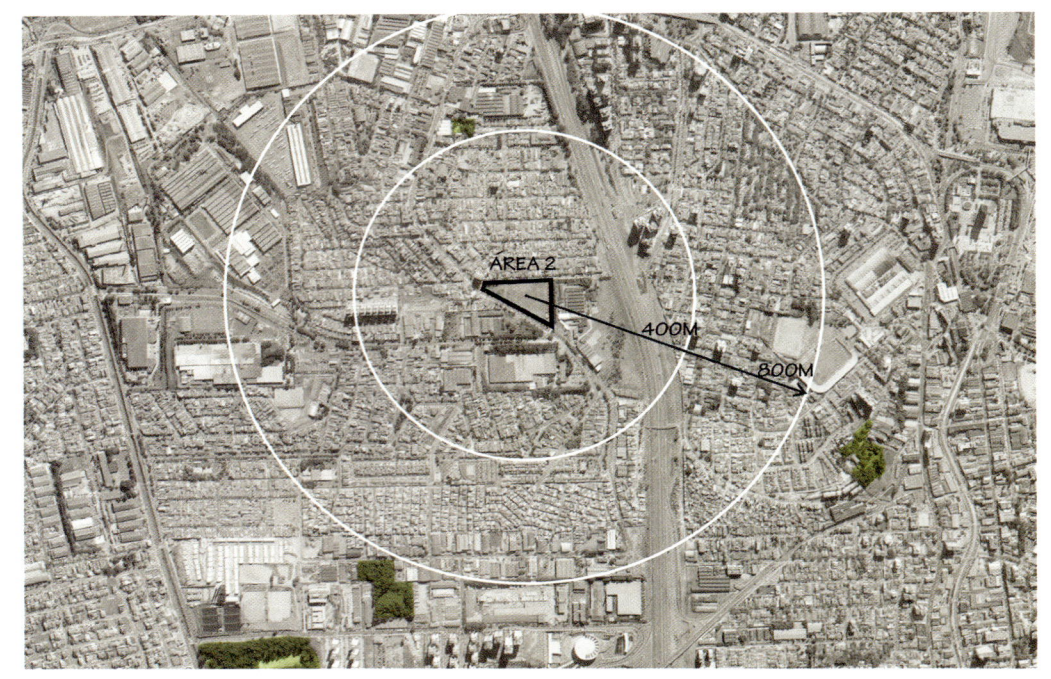

Figura 246. Distância da área degradada 2 de áreas verdes e remanescentes mais próximos. Fonte: Patrícia Sanches, a partir de ortofoto aérea produzida por Emplasa.

gam matas nativas cuja proximidade da área degradada agrega a esta um valor ecológico muito maior.

Na análise ecológica, outro critério importante é o distúrbio ou impacto negativo do entorno sobre a área avaliada para verificar se a futura área verde está muito ou pouco vulnerável aos distúrbios externos. Ora, se sabemos que o entorno consolidado é algo mais difícil de ser transformado – e que o poder de interferência neste é mais limitado –, cabe avaliar quanto esse entorno pode influenciar do ponto de vista ecológico na "futura" área verde.

Essa visão também é oriunda da ecologia da paisagem, e a forma de avaliar consiste na análise da permeabilidade da matriz (entorno construído) e do contraste entre ela e a mancha (área degradada, supondo que seja uma futura área verde). Uma matriz menos contrastante é mais permeável e se caracteriza por uma densidade construída e impermeabilização baixa, combinada a uma arborização alta. Tal condição permite

Figura 247. Imagem aérea da área degradada 3, no bairro do Anchieta, em São Bernardo do Campo. À direita, almoxarifado de materiais de construção civil da prefeitura; ao centro, *campus* da Universidade Federal do ABC e, à esquerda, área vazia e sem uso definido. Fonte: Patrícia Sanches, a partir de ortofoto gerada por Emplasa.

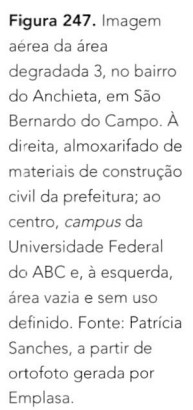

maior mobilidade tanto da flora – o que ocorre por meio de sementes transportadas pelo vento ou animais – como da fauna, com o fluxo de aves, insetos, répteis, anfíbios e pequenos mamíferos.

Um exemplo que elucida essa situação é a área degradada 3, no bairro do Anchieta. Ela pertence a um dos maiores terrenos subutilizados inseridos na malha urbana de São Bernardo, e tem, aproximadamente, 23 ha. A área é composta por terrenos de propriedades privadas e públicas (Figura 247) e, atualmente, parte dela é ocupada pelo almoxarifado de materiais de construção civil da prefeitura e pelo *campus* da Universidade Federal do ABC, que ainda está em construção. A outra parte está vazia e não tem uso definido.

No entanto, o que merece destaque, aqui, é o entorno imediato, composto de ruas vizinhas muito arborizadas, cuja taxa de permeabilidade é visivelmente alta, e pelo Parque Rafael Lazzuri. Ou seja, a matriz urbana próxima à área degradada é muito favorável do ponto de vista ecológico, pois permitiria um fluxo e mobilidade da fauna alada (insetos, aves e morcegos) desde o parque, percorrendo pelas copas das árvores as ruas adjacentes, até chegar à área degradada 3, como apresentado na Figura 248, na qual foi destacada a vegetação arbórea existente. No bairro vizinho, ao sul da área degradada, a matriz é mais permeável, o que pode ser comprovado também pelas ruas arborizadas (Figura 249 à Figura 251).

Porém, tomando como exemplo uma segunda área degradada avaliada, que se localiza no bairro do Taboão, um cenário oposto se descortina.

Figura 248. Acima, levantamento da vegetação arbórea no entorno da área degradada 3, mostrando, ao sul, uma matriz muito mais permeável, que conecta o Parque Rafael Lazurri (a sudeste) às áreas degradadas, no bairro do Anchieta, em São Bernardo do Campo. Fonte: Patricia Sanches, a partir de ortofoto aérea gerada por Emplasa.

Figura 249, Figura 250 e Figura 251. Abaixo, ruas locais próximas à área degradada 3, no bairro do Anchieta, em São Bernardo do Campo. Fotos: Patricia Sanches.

Trata-se da área 4 (Figura 252), de propriedade da prefeitura, que tem aproximadamente 18 ha, faz divisa com diversas indústrias, engloba um reservatório de retenção de águas pluviais (piscinão) e margeia o rio Ribeirão dos Couros, que corta o bairro de ponta a ponta, no sentido norte-sul (Figura 253 e Figura 254).

Diferentemente do exemplo anterior, essa matriz urbana é muito hostil, pois apresenta grandes superfícies impermeáveis, o uso do solo é predominantemente industrial (empresas automobilísticas) e há, nela, poucos maciços arbóreos e poucas áreas permeáveis (Figura 255 e Figura 256). A rodovia Anchieta, considerada uma grande barreira de transposição, situa-se paralela à área degradada, a menos de 500 m. Forma-se, assim, um padrão de contraste muito maior entre a matriz e a mancha, o que dificulta o fluxo de espécies vegetais e animais entre as poucas áreas verdes existentes.

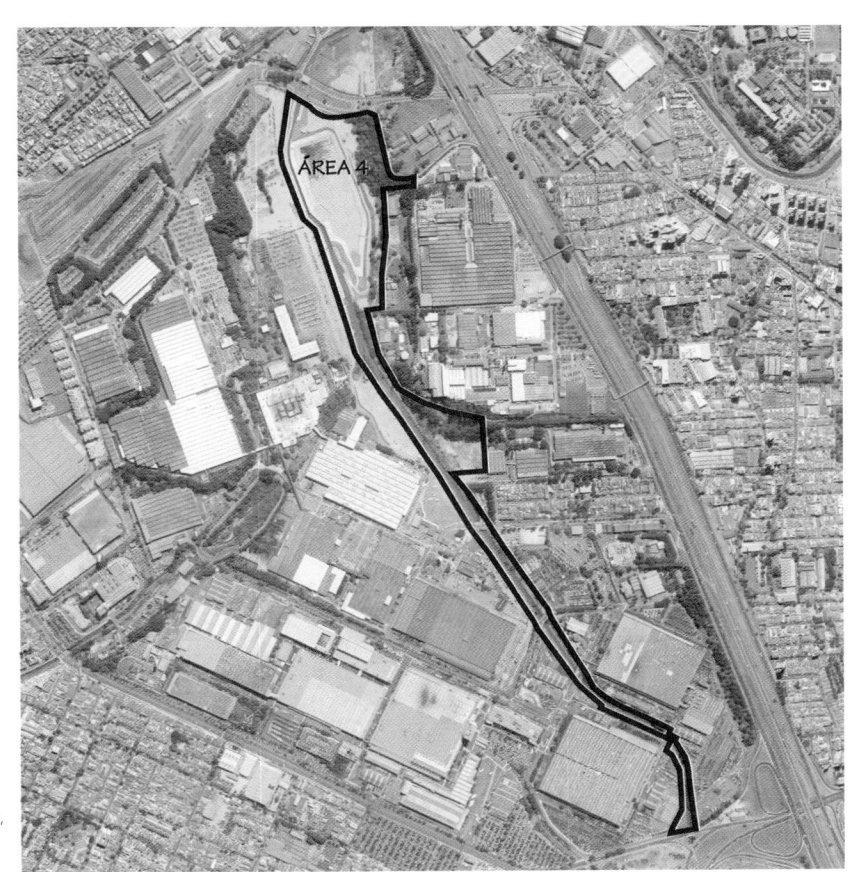

Figura 252. Imagem aérea da área degradada 4, no bairro do Taboão, em São Bernardo do Campo. Fonte: Patrícia Sanches, a partir de ortofoto gerada por Emplasa.

Figura 253 e Figura 254. Área degradada 4, ao longo do ribeirão dos Couros, no bairro do Taboão, em São Bernardo do Campo. Fotos: Patrícia Sanches.

Figura 255 e Figura 256. Avenida e rua local próximas à área degradada 4, no bairro do Taboão, em São Bernardo do Campo. Fotos: Patrícia Sanches.

Para finalizar a análise ambiental, é importante determinar quais áreas degradadas terão prioridade no processo de restauração ecológica e quais apresentam maior viabilidade.

No contexto urbano, diante da gama diversa de áreas degradadas, as APPs, principalmente ao longo de cursos d'água, nascentes e encostas, devem ser consideradas prioritárias na recomposição do ecossistema original, em virtude do seu valor e importância ecológica. Um exemplo é a área degradada 5, que pertence ao maciço do Bonilha, localizado no bairro de Ferrazópolis, na divisa do município com Santo André (Figura 257 e Figura 258). A área identificada como degradada é de aproximadamente 27 ha e está desmatada. A alta declividade do terreno, que ultrapassa em alguns pontos 45 graus, indica a necessidade de ser permanentemente protegida (APP). Somado a isso, apresenta grande potencial de recuperação e restauração ecológica em consequência das condições e peculiaridades do local e de seu entorno: presença de fragmentos florestais muito próximos que pertencem ao Parque Regional e Jardim Botânico do Pedroso, em Santo André. Além disso, dentro da área degradada avaliada também existem matas em estado de regeneração, ou seja, em estado secundário inicial (Figura 257).

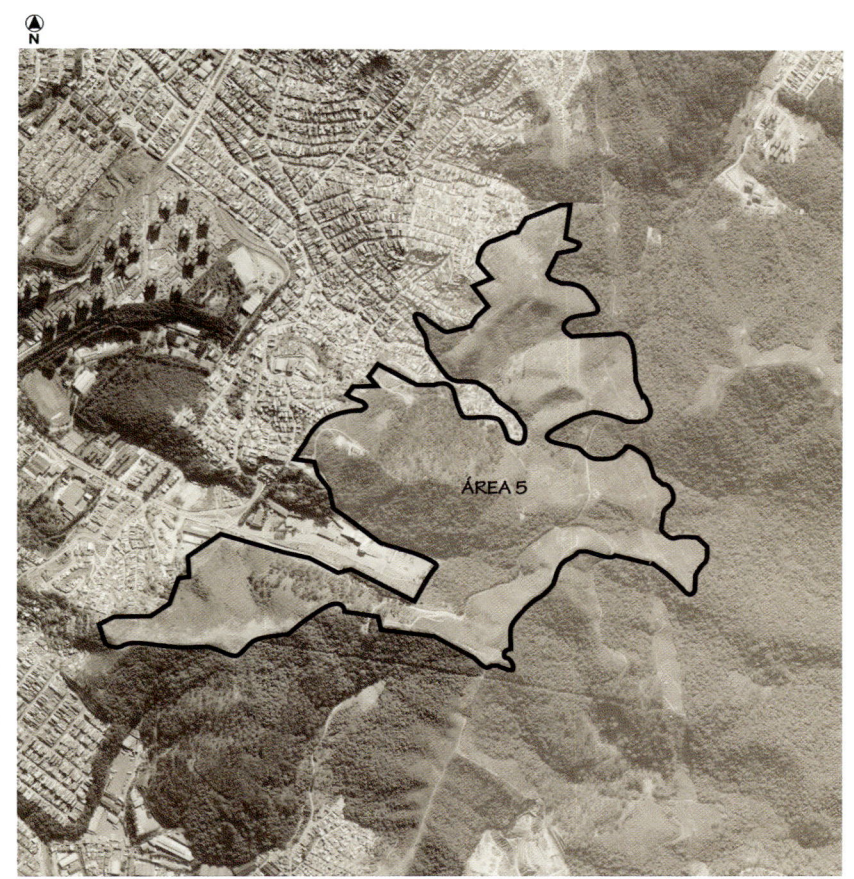

Figura 257. Imagem aérea da área degradada 5, no bairro de Ferrazópolis, na divisa de São Bernardo do Campo (a oeste) com Santo André (a leste). Fonte: Patrícia Sanches, a partir de ortofoto gerada por Emplasa.

Nas áreas degradadas que possuem estruturas construídas ou pavimentadas, as intervenções parecem ser menos viáveis, porque, para reverter essa situação, seria necessário a "despavimentação" ou a demolição da área construída, o que pode dificultar ou inviabilizar a intervenção. Assim, quanto menor for a área construída ou pavimentada, maior será a facilidade para promover a restauração do local.

Um exemplo claro disso é a comparação da área degradada 2, já mencionada anteriormente, com outra, em frente a ela, a área degradada 6 (Figura 259). A principal diferença entre as duas é que a segunda apresenta edificações abandonadas (Figura 260 e Figura 261). Do ponto de vista social, essa condição pode ser bastante atraente, pois existe a possibilidade de agregar valor à área verde caso esses edifícios sejam reformados, res-

Figura 258. Vista panorâmica da área degradada 5, que faz parte do maciço do Bonilha, no bairro de Ferrazópolis, em São Bernardo do Campo. À direita, a favela São José.
Foto: Patricia Sanches.

Figura 259. Imagem aérea das áreas degradadas 2 e 6, no bairro do Planalto, em São Bernardo do Campo. Fonte: Patricia Sanches, a partir de ortofoto gerada por Emplasa.

DIRETRIZES PARA ANALISAR E AVALIAR UMA ÁREA DEGRADADA   223

Figura 260 e Figura 261. Antigas instalações de fábrica, abandonadas na área degradada 6, no bairro do Planalto, em São Bernardo do Campo. Fotos: Patrícia Sanches.

Figura 262. Área degradada 2: um vazio com amplo gramado, no bairro do Planalto, em São Bernardo do Campo. Foto: Patrícia Sanches.

taurados e transformados em pontos de convergência cultural e artística e de resgate histórico. No entanto, do ponto de vista ecológico, a viabilidade físico-financeira de recuperação do ecossistema local e do aumento da biodiversidade da área 6 é menor que a das demais áreas.

De acordo com Anne Spirn (1995), a criação de novos hábitats com a finalidade de aumentar a biodiversidade por meio da restauração ecológica deve ser cuidadosa, criteriosa e ter como base bons conhecimentos de ecologia regional – compreender os requisitos de cada espécie em relação a alimento, abrigo, água e território, assim como a interação entre as espécies – pois se trata de um ambiente complexo. A inserção ou atração de determinada espécie invasora por meio do provimento de alimento e abrigo na área degradada recuperada, ou a ausência de outra espécie, pela própria competição com as novas invasoras, pode provocar o desequilíbrio do sistema e afetar áreas adjacentes. A pesquisadora acrescenta que, nessas situações, deve-se ter em mente para quais espécies de vida selvagem aquela área está sendo projetada, a fim de que o hábitat inclua tanto os microrganismos quanto os requisitos espaciais apropriados. Um exemplo é iniciar a atividade fazendo a identificação das espécies usualmente utilizadas para a procriação da vida selvagem e das áreas novas que poderiam ser incluídas, após certas modificações e intervenções, além de determinar as rotas de pássaros migratórios pela cidade e as espécies que costumam utilizar algumas áreas da cidade como local de descanso.

O quadro a seguir apresenta, resumidamente, os critérios do grupo ecológico que foram considerados aqui.

GRUPO ECOLÓGICO	
Critérios	Parâmetro
1. Diversidade do hábitat	Tamanho (área em ha)
	Presença de área natural preservada contígua ao terreno
	Presença de maciços arbóreos, matas ciliares, várzeas naturais ou outras formações de vegetação no interior da área degradada
2. Impacto negativo do entorno	Permeabilidade da matriz
3. Conectividade/isolamento entre as áreas verdes	Distância de outras áreas verdes (vegetação arbórea densa)
4. Prioridade para restauração ecológica	Presença de APP na área avaliada
5 Viabilidade da restauração ecológica	Porcentagem de área pavimentada ou construída

Grupo hídrico

Diferentemente do olhar exclusivamente ecológico, mas ainda sob a ótica ambiental, os benefícios de recuperação ou restauração de áreas degradadas podem ser analisados levando em conta as questões hídricas e de drenagem. Os principais objetivos da recuperação e restauração, nesse caso, são:

- a diminuição das enchentes nos períodos de cheias, conduzindo as águas com segurança;
- o aumento da infiltração das águas da chuva no subsolo (recarga do lençol freático);
- a proteção e o aumento da biodiversidade dos ecossistemas aquáticos;
- a filtragem da poluição difusa, visando a melhoria da qualidade das águas durante o escoamento superficial até desaguar nos rios e córregos;
- a promoção da educação ambiental e a aproximação da população dos rios urbanos, explorando novas opções de lazer e recreação na cidade.

Diante desses objetivos permeados por uma visão mais integrada e sistêmica da cidade, os critérios escolhidos para esse grupo têm relação com a funcionalidade que essas áreas apresentam, tanto do ponto de vista ambiental quanto social.

A primeira abordagem tem como foco a capacidade de suporte de infiltração e vazão das águas sem que haja inundações e prejuízos para as áreas construídas da cidade. Ou seja, o primeiro passo é analisar se a área degradada encontra-se em zona de risco de inundação ou próximo a talvegues.

Os talvegues correspondem às linhas formadas pela intersecção das duas superfícies que compõem as vertentes de um vale. É o local mais profundo, em que as águas de chuva são drenadas, ou onde correm os rios e os riachos, conforme o esquema ilustrativo (Figura 263).

Em virtude da declividade e da topografia, a vazão do escoamento superficial das águas da chuva nos talvegues são mais intensas, o que contribui significativamente para as enchentes a jusante. Os locais passíveis de alagamento ou os talvegues, se convertidos em áreas verdes, terão a possibilidade de reter e retardar a vazão das águas pluviais e, assim, diminuir o escoamento superficial, pois boa parte da água infiltraria no

Figura 263. As áreas mais próximas aos talvegues (linhas azuis) são áreas mais suscetíveis a erosão e deslizamento e que recebem e drenam todas as águas pluviais que vêm das encostas e dos morros.
Fonte: Patrícia Sanches, a partir de visualização obtida no site Google Earth.

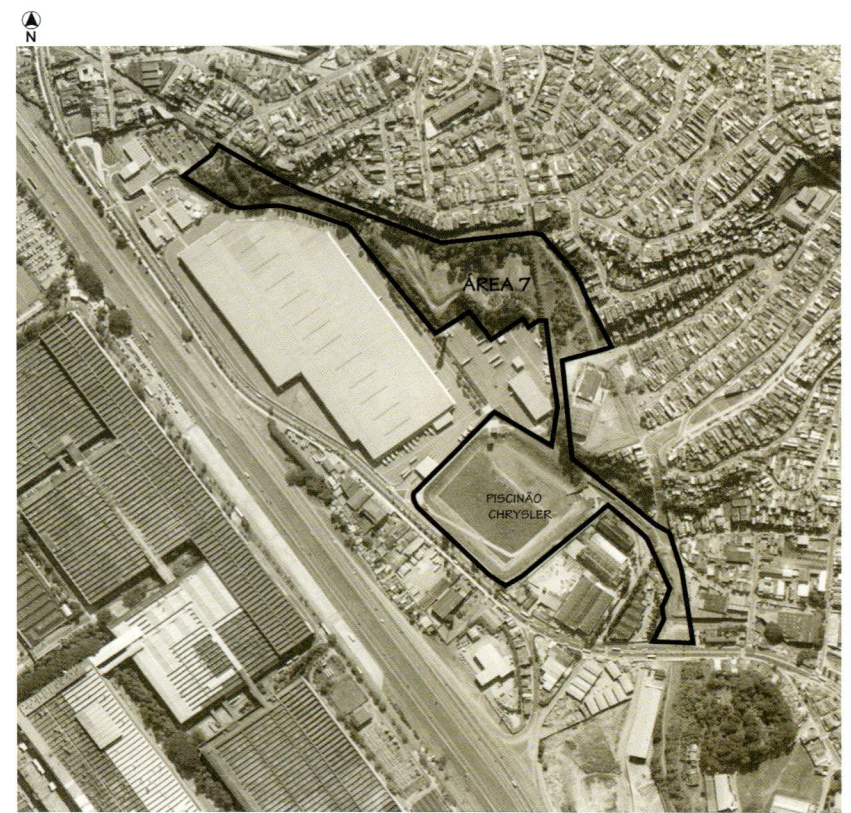

Figura 264. Imagem aérea da área degradada 7, no bairro de Ferrazópolis, em São Bernardo do Campo. Fonte: Patrícia Sanches, a partir de ortofoto gerada por Emplasa.

Figura 265. Vista do piscinão Chrysler, que pertence à área degradada 7, no bairro de Ferrazópolis, em São Bernardo do Campo. Foto: Patrícia Sanches.

subsolo ou seria absorvida pelas raízes das plantas, o que reduziria o risco de inundações, contribuindo para a recarga das águas subterrâneas.

A área degradada 7 (Figura 264) compreende um conjunto de terrenos residuais de fundo de lote – de propriedades privadas e públicas –, um curso d'água parcialmente canalizado, um reservatório de retenção das águas da chuva – piscinão Chrysler – (Figura 265) e uma área de servidão para a passagem subterrânea do oleoduto da Petrobras Transporte (Transpetro), totalizando 12 ha (Figura 266). O local está inserido na malha urbana, paralelo à rodovia Anchieta, logo atrás de um grande depósito de móveis, no bairro de Ferrazópolis.

Observando o mapa temático hídrico-ambiental da área degradada 7 (Figura 267), é possível perceber que ela se situa em uma região passível de alagamento. Atualmente, nos períodos de cheia, a água excedente é encaminhada ao reservatório de detenção (o piscinão Chrysler).

Quando se analisa, concomitantemente, o mapa de declividade (Figura 269), pode-se notar que a área degradada encontra-se na região amarela que apresenta a declividade mais baixa. No entanto, a montante do curso de água e da área degradada, os terrenos tornam-se íngremes, com altas declividades (representada pelas manchas em vermelho e roxo), destacando-se os talvegues mencionados anteriormente, que nada mais são que as linhas de drenagem principais. Portanto, se em

228 DE ÁREAS DEGRADADAS A ESPAÇOS VEGETADOS

Figura 266. Terreno por onde passa oleoduto subterrâneo da empresa Transpetro; subutilizado, faz parte da área degradada 7, no bairro de Ferrazópolis, em São Bernardo do Campo. Foto: Patrícia Sanches.

Figura 267. Mapa do sistema hídrico da área de estudo com a sobreposição das áreas degradadas (em vermelho), mostrando as áreas passíveis de alagamento (manchas azuis), conforme o levantamento e mapeamento da Prefeitura de São Bernardo do Campo. O detalhe (à direita) enquadra a área degradada 7 e a região sujeita a inundação; as manchas verdes representam as praças e os canteiros existentes.

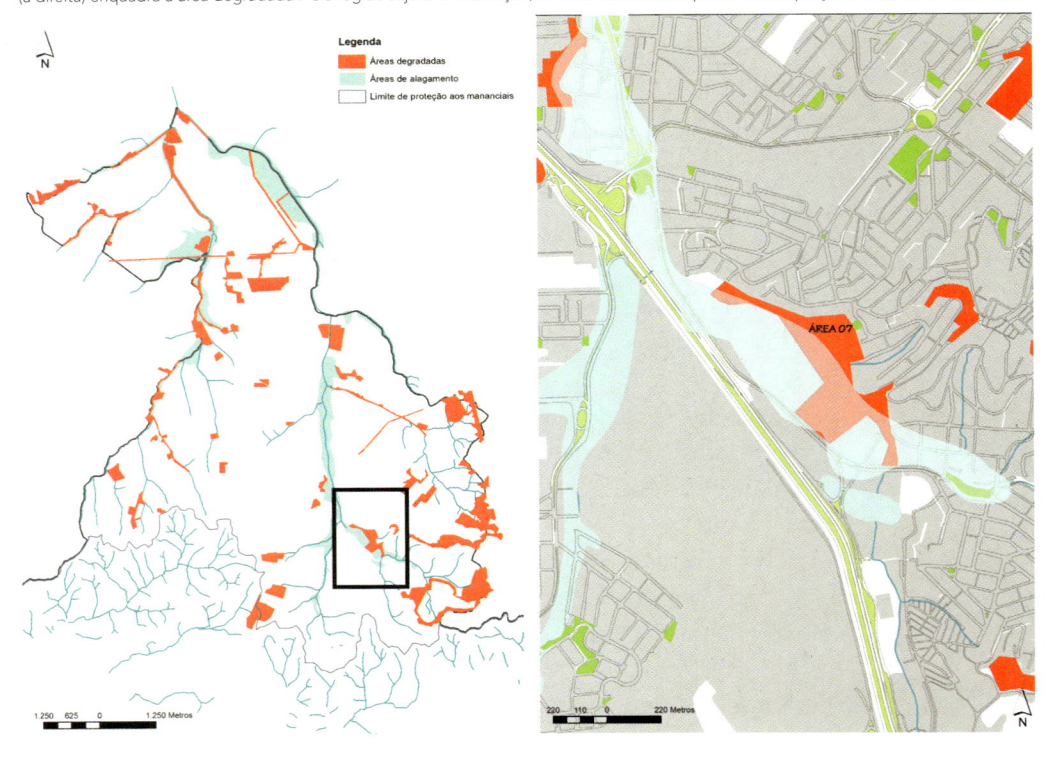

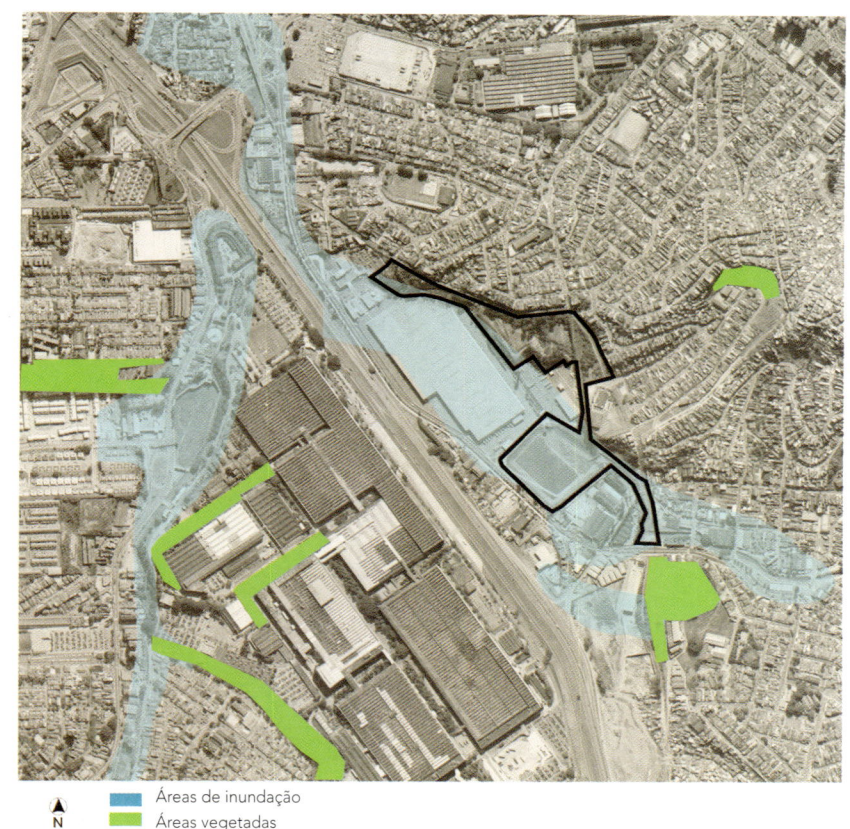

Figura 268. Com maior detalhamento, pode-se ver a região sujeita a inundação e a área degradada 7 (contornada em preto). O desejável seria que as principais áreas verdes (manchas verdes) estivessem nas áreas de inundação, mas não é o que ocorre.

- Áreas de inundação
- Áreas vegetadas

uma área degradada houvesse talvegues e não o córrego, ela teria igualmente importância, levando em consideração que os talvegues vegetados retardam a vazão das águas pluviais. Assim, uma área degradada que possui um curso d'água, se estiver localizada em uma zona de inundação ou abrigar talvegues, tem um valor maior em termos de drenagem do que outra área degradada que não apresente essas características.

Outra questão que não deve ser desconsiderada está relacionada com a conformidade do leito do rio. Um córrego canalizado sem mata ciliar implica uma vazão de água maior, em virtude do menor atrito das águas com as "paredes" do canal, o que pode provocar erosões das margens e assoreamento do leito do rio em alguns pontos, além de enchentes a jusante. A qualidade das águas que deságuam no rio pode piorar, pois a ausência de vegetação nas margens não permite a filtragem da poluição

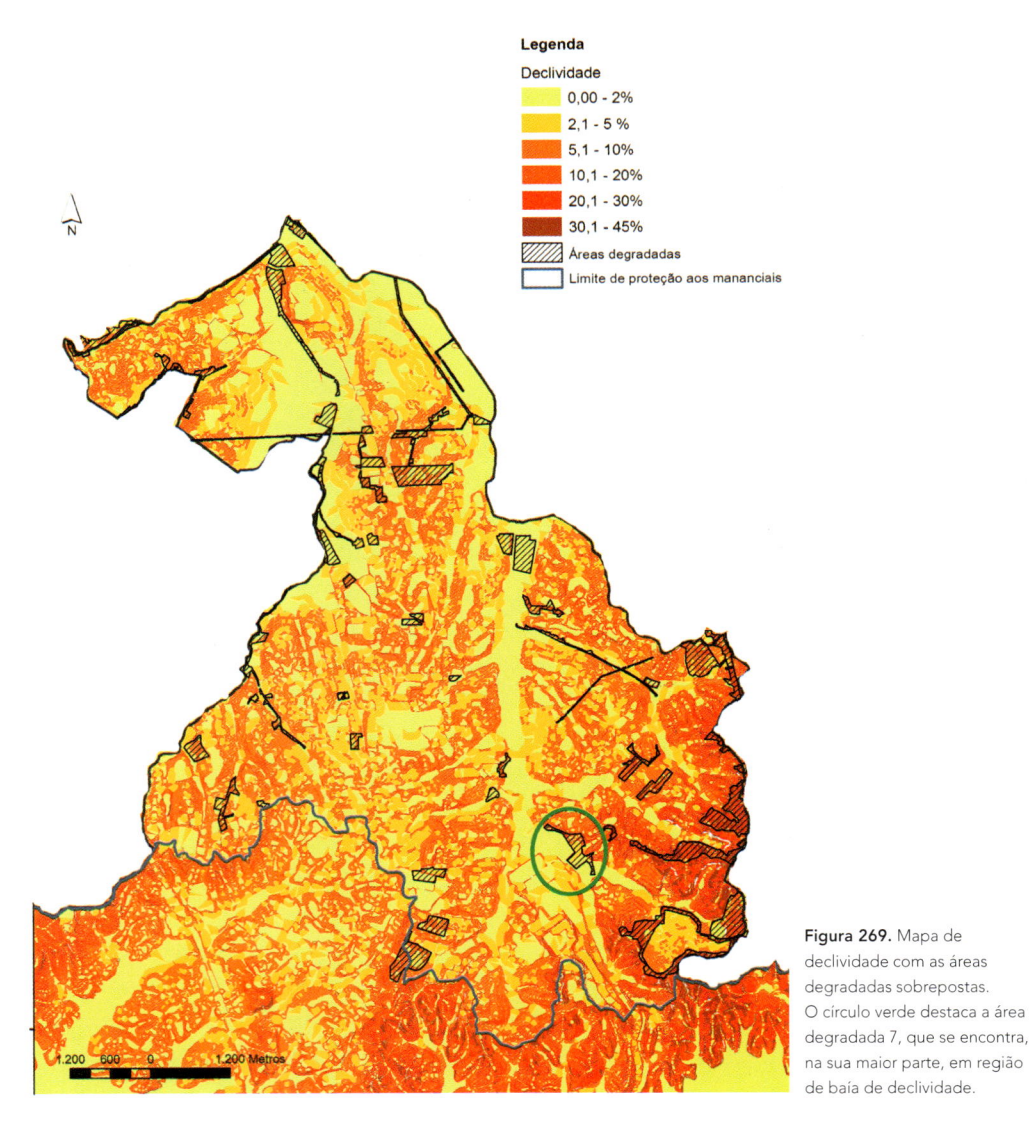

Figura 269. Mapa de declividade com as áreas degradadas sobrepostas. O círculo verde destaca a área degradada 7, que se encontra, na sua maior parte, em região de baía de declividade.

difusa proveniente da fuligem e da poeira das ruas e áreas pavimentadas. Outro ponto importante é a perda de biodiversidade que ocorre no ecossistema aquático, com a eliminação dos meandros, a remoção dos solos ricos e a exposição da vida aquática a temperaturas elevadas, já que a umidade e a sombra das matas ciliares não estão mais presentes nesse ambiente.

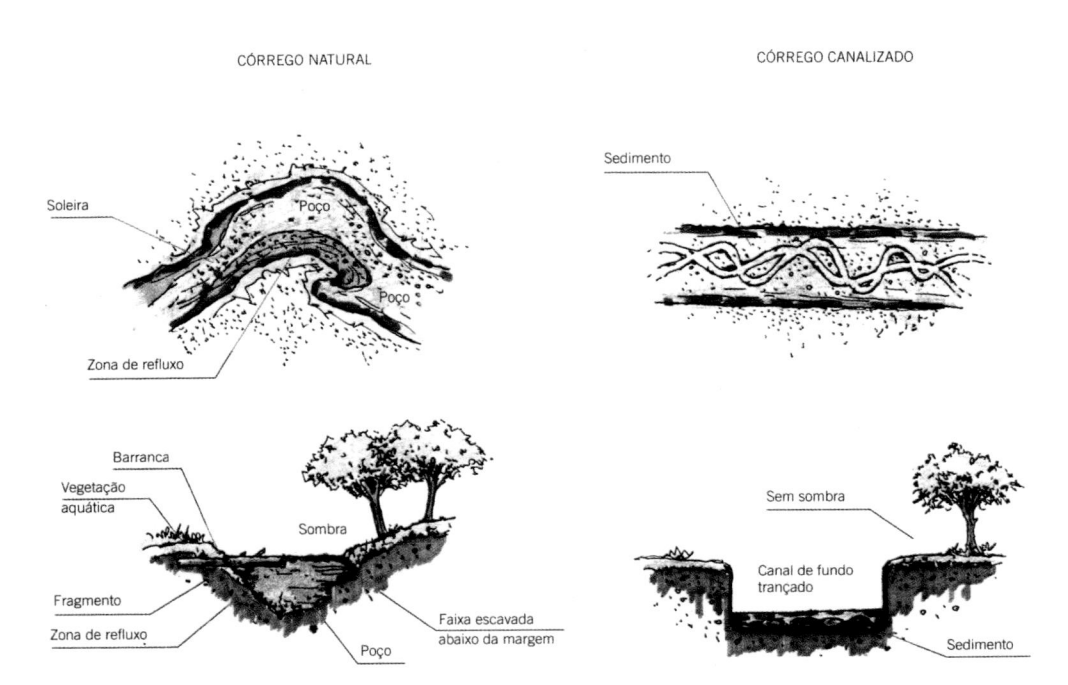

Figura 270. O croqui apresenta as implicações ecológicas de um curso d'água natural e de um canalizado. Fonte: Gorski (2010).

Gorski (2010) ilustra bem as implicações ecológicas da canalização dos rios na Figura 270. Na situação do córrego natural, uma conjuntura de fatores cria condições para uma vida aquática mais rica: há maior diversidade de hábitats, como poços, áreas de escape de águas e cascalhos, velocidade variada, temperatura da água mais estável e profundidade suficiente para que haja vida aquática nos períodos de estiagem. O ambiente é favorável à proteção (abrigo) e à diversidade de suprimento alimentar. Quando o córrego é canalizado, o fluxo do canal se torna baixo, frequentemente trançado e pobre em hábitats (sem poços, cascalhos e esconderijos). Sem a sombra da mata ciliar, a temperatura da água não é estável, a profundidade não é suficiente para a vida aquática nos períodos de seca e, nos períodos de cheias, o fluxo se torna muito rápido para a manutenção da vida aquática. Ou seja, a proteção e o suprimento alimentar são limitados. Portanto, as áreas degradadas com rios e córregos não canalizados têm potencial para aumentar sua biodiversidade caso ela seja restaurada ou recuperada ambientalmente.

Ainda assim, mesmo que o leito de um córrego esteja canalizado ("canal aberto"), mas suas margens não sejam impermeabilizadas, existe maior probabilidade de intervenção para restaurar ou renaturalizar uma margem permeável do que em cursos d'água com canalização "fechada". Em termos sociais, essa situação também apresenta um cenário de maior flexibilidade em projetos paisagísticos, de forma que a comunidade possa usufruir e estar mais próxima do curso d'água, por meio de píeres, escadas, pontes e caminhos paralelos à água. Ou seja, a população tem oportunidade de se aproximar, vivenciar, investigar e entender a paisagem fluvial – e de estar em contato com a água e com os diferentes sons, cores e cheiros associados à flora e à fauna local (Teagle, 1978 *apud* Herbst, 2001).[8]

Portanto, é importante analisar se existe curso d'água na área degradada e qual é sua conformação. Obviamente, os rios cujas margens não estão impermeabilizadas têm muito mais valor em termos sociais, ambientais e ecológicos.

Além da área degradada 7, outro exemplo que serve para ilustrar esse cenário é a área degradada 8 (Figura 271), constituída por quase 8 ha de área pública. Trata-se de uma APP marginal ao córrego Saracantan, que foi canalizado por gabiões, e da avenida Pery Ronchetti (Figura 272 e Figura 273). Além da margem do rio, a área degradada expande-se em direção às encostas com declividade acentuada, que se encontram em estado de abandono (Figura 274 e Figura 275). A montante do córrego há o piscinão Canarinho (Figura 276), construído em virtude dos recorrentes alagamentos a jusante, próximo ao Paço Municipal, que ocorrem no período das chuvas de verão. Isso mostra a importância da drenagem associada a essa área degradada, caso ela seja recuperada e restaurada, diante da necessidade de proteger, filtrar e diminuir a vazão das águas fluviais, além de reduzir o escoamento superficial das águas da chuva.

---

8   W. G. Teagle, *The Endless Village* (Shrewsbury: Nature Conservancy Council, 1978).

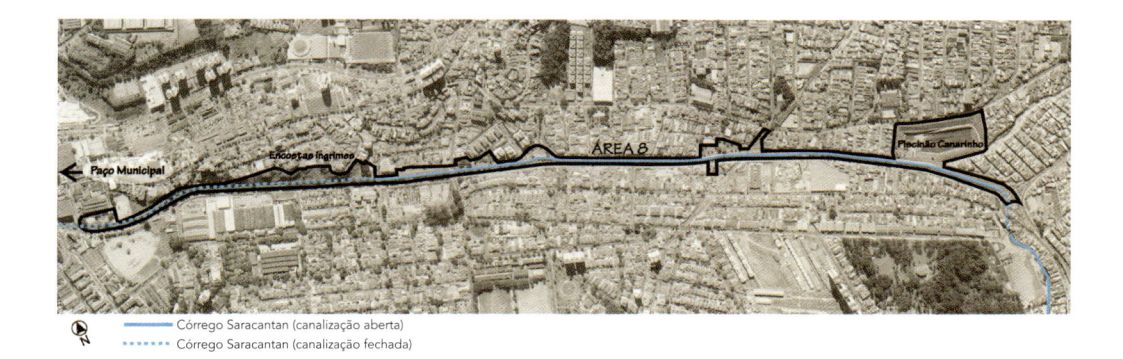

DIRETRIZES PARA ANALISAR E AVALIAR UMA ÁREA DEGRADADA 233

——— Córrego Saracantan (canalização aberta)
······· Córrego Saracantan (canalização fechada)

Figura 271. Imagem aérea da área degradada 8, ao longo da avenida Pery Ronchetti e do córrego Saracantan, que corta diversos bairros da cidade de São Bernardo do Campo. Fonte: Patrícia Sanches, a partir de ortofoto gerada por Emplasa.

Figura 272 e Figura 273. Imagens do córrego Saracantan e da pista de caminhada existente em sua margem esquerda, na avenida Pery Ronchetti, em São Bernardo do Campo. Fotos: Patrícia Sanches.

Figura 274 e Figura 275. Imagens das encostas abandonadas ao longo da avenida Pery Ronchetti, em São Bernardo do Campo. Fotos: Patrícia Sanches.

Figura 276. Imagem panorâmica do piscinão Canarinho, na avenida Pery Ronchetti, em São Bernardo do Campo. Foto: Patrícia Sanches.

O quadro a seguir apresenta, resumidamente, os critérios/parâmetros de avaliação do grupo hídrico.

GRUPO HÍDRICO	
Critérios	Parâmetros
Potencial de retenção e purificação das águas (volume + qualidade)	Área em zona de risco de alagamento ou sobre talvegues (topografia)
	Conformidade do leito do rio (canalizado ou leito natural) e permeabilidade de suas margens

Grupo social

Esse grupo diz respeito à função das áreas verdes no âmbito das relações sociais que ele influencia, como a promoção de recreação, lazer, práticas esportivas, inclusão e coesão sociocultural, mobilidade e circulação de pessoas ou, simplesmente, a contemplação da natureza.

A análise do foco social tem os seguintes objetivos:
- reduzir o déficit de áreas verdes nas vizinhanças que apresentam os menores índices de áreas verdes (m²/habitante);
- oferecer opções de lazer e recreação nas novas áreas verdes, com fácil acesso, priorizando as populações socioeconomicamente mais carentes da cidade;
- potencializar o uso dos espaços públicos e das áreas verdes e estimular o sentimento de pertencimento e identidade da população local com o bairro;
- contribuir para o exercício da cidadania, o aumento do convívio, a inclusão social e o respeito à diversidade humana;

▶ melhorar a mobilidade urbana, fomentando rotas alternativas exclusivas para pedestres e ciclistas por meio de novas áreas verdes e conexões com trilhas e passeios já existentes.

Considera-se a questão da mobilidade porque muitas áreas verdes podem oferecer rotas e caminhos – seguros e rápidos – exclusivos para pedestres e ciclistas, e independentes das vias de veículos motorizados, promovendo, assim, a diversidade de opções para a comunidade e melhorando a qualidade de vida, uma vez que essas medidas ajudariam a minimizar os problemas de saúde decorrentes do excesso de veículos – como as doenças respiratórias relacionadas com a poluição do ar e a emissão de gases tóxicos –, além dos distúrbios causados pelo estresse gerado pelo trânsito intenso.

O uso das áreas verdes é potencializado no quesito mobilidade quando elas abrangem grandes extensões, permitindo o fluxo interbairros ou as conexões modais com o transporte público. Dependendo do formato e do tamanho da área degradada avaliada, podem-se estabelecer diversas relações de circulação e de fluxo com o entorno. Uma área que ocupa quase uma quadra inteira pode promover passagens por dentro dela, encurtando caminhos e oferecendo rotas mais seguras e agradáveis aos pedestres. Do mesmo modo, uma área cuja forma é alongada ou linear também pode favorecer a circulação de um ponto ao outro, principalmente se houver conexão com pontos de atratividade ou se já estiver localizada em trajetos importantes de origem e destino.

Esse cenário pode ser exemplificado com a área degradada 9 (Figura 277 à Figura 279), de propriedade da Eletropaulo, cujo terreno linear corta diversas quadras e é mantido exclusivamente para abrigar linhas de alta-tensão. Embaixo das linhas existem algumas iniciativas de agricultura urbana, mas grande parte da área permanece subutilizada. Por sua grande extensão em comprimento (2,5 km), a área tem enorme potencial de mobilidade para a implantação de uma rota exclusiva de

Figura 277. Imagem aérea da área degradada 9, com 2,5 km de extensão por 30 metros de largura, no bairro de Rudge Ramos, em São Bernardo do Campo. Fonte: Patrícia Sanches, a partir de ortofoto gerada por Emplasa.

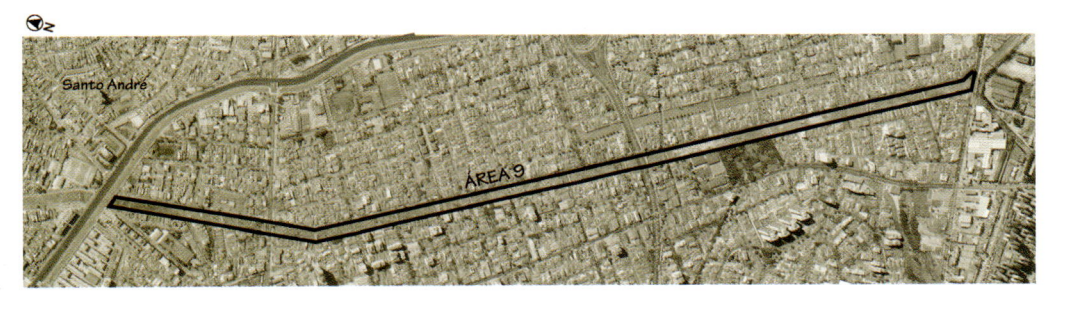

Figura 278 e Figura 279. Imagens da área degradada 9, subutilizada para a passagem das torres de alta-tensão da Eletropaulo, no bairro Rudge Ramos, em São Bernardo do Campo. Fotos: Patrícia Sanches.

Figura 280. Vista do eixo da avenida Pery Ronchett: ligação entre o núcleo da favela São Pedro (morro, ao fundo) e os terminais intermodais e rota de acesso à rodovia Anchieta (sentido São Paulo). Foto: Patrícia Sanches.

pedestres e ciclistas, conectando importantes avenidas de norte a sul no bairro de Rudge Ramos.

A área degradada 9, linear à avenida Pery Ronchetti e ao córrego Saracantan, também tem uma conformação que sugere alto potencial de mobilidade: a avenida é um importante eixo que conecta as zonas periféricas do sudeste da cidade, como a favela da Vila São Pedro, com o centro de São Bernardo e com os principais terminais intermodais da cidade – rodoviário e de trólebus (Figura 280). É também uma das principais vias de acesso da região à rodovia Anchieta, que leva à cidade de São Paulo. Já existe um trecho de ciclovia recentemente construído na avenida Pery Rochetti, que, porém, abrange apenas as três primeiras quadras, próximas dos terminais. Essa área degradada apresenta, portanto, uma vocação social importante, associada à mobilidade urbana.

Outra questão importante é a acessibilidade ao local avaliado. A facilidade de acesso à futura área verde, principalmente por meio de transporte público, tem uma influência direta na frequência com a qual a população visita essa área. A acessibilidade, portanto, deve estar associada à oferta de transporte público, que pode ser mensurada pelo número de linhas de ônibus que atende a área avaliada e pela proximidade dessa área com paradas de ônibus, terminais e corredores de ônibus, considerando que São Bernardo não possui estação de trem ou metrô.

Um exemplo de baixa acessibilidade é a área degradada 5, pertencente ao maciço do Bonilha, anteriormente apresentado (Figura 257, p. 221). Próximo a ela, há usos irregulares, sendo a maior parte ocupada por favelas. Em razão de sua grande dimensão, a área degradada, como futura área verde, poderia atender a uma grande parcela da população e ter um porte de parque regional. Mas, tanto por sua localização quanto pelo acesso dificultado pelo transporte público, assim como pela localização periférica, distante do centro e dos terminais intermodais, a área indica uma vocação social mais restrita, destinada apenas à população carente do entorno imediato. Em contrapartida, apresenta uma vocação ecológica acentuada, como foi visto anteriormente.

Seguindo nessa mesma linha de raciocínio, existem outros fatores associados à frequência dos usuários e ao potencial de uso das áreas verdes, como a densidade demográfica. A princípio, busca-se priorizar áreas degradadas que apresentam um potencial maior de uso pela população, considerando que as áreas degradadas situadas em locais mais densos devem preponderar, em virtude do potencial que têm para receber um maior número de usuários (Herbst, 2001).

Outro fator associado é o uso do solo do entorno. Um entorno composto predominantemente por residência ou uso misto (residência e comércio) tem maior valor que um entorno industrial, uma vez que a grande maioria dos frequentadores de parques vive próximo a eles. Em uma zona industrial, um parque atrairá poucos usuários locais, diferentemente de uma região mista, rica em atividades e fluxos de pessoas de diferentes idades, que poderão utilizar o parque como local de descanso e de leitura durante o almoço, para a prática de exercícios no fim do dia ou como local de recreação para as crianças que estudam próximo ou moram na vizinhança.

Entretanto, para que seja possível mensurar a densidade demográfica e o uso do solo no entorno, é necessário definir, antes de tudo, o tamanho desse entorno, ou seja, a área de influência da área degradada (como uma futura área verde) no entorno. Handley *et al.* (2003) e Kliass (2006) estabeleceram uma relação do tamanho da área verde com a acessibilidade que resultou em diferentes categorias de parques e raios de atendimento da população. Com base nessas referências, foi definido um raio de atendimento (entorno) que varia de acordo com o tamanho da área avaliada.

▸ Áreas degradadas de até 2 ha: raio de atendimento de até 500 m.
▸ Áreas > 2 ha e ≤ 7 ha: raio de atendimento de até 1.000 m.
▸ Áreas > 7 ha e ≤ 13 ha: raio de atendimento de até 2.000m.
▸ Áreas > 13 ha: raio de atendimento de até 3.500 m.

Em São Bernardo do Campo, existem grandes áreas industriais e até mesmo bairros em que essa atividade é predominante, como é o caso da área degradada 4, no Taboão, com 18 ha. A maior parte do bairro, praticamente, é de uso industrial (Figura 281), e as fábricas estão ativas. A maioria das áreas residenciais mais próximas está localizada a partir de uma distância (trajeto) de 1 km. Em consequência da predominância do uso industrial, embora o bairro seja um dos maiores em extensão,

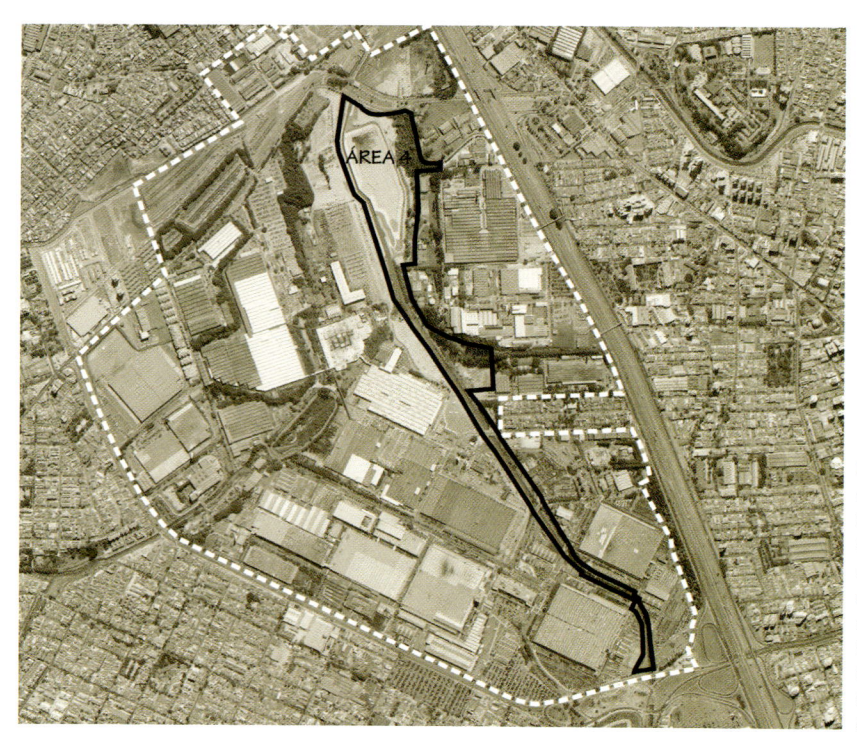

Figura 281. Imagem aérea do entorno industrial (pontilhado branco) da área degradada 4 (contorno em preto), no bairro do Taboão, em São Bernardo do Campo. Fonte: Patrícia Sanches, a partir de ortofoto gerada por Emplasa.

sua taxa de densidade demográfica está entre as mais baixas da cidade. Portanto, da perspectiva social, a área degradada 4 apresenta baixo potencial, se comparada a outras opções na cidade, como pode ser visto no mapa temático (Figura 282).

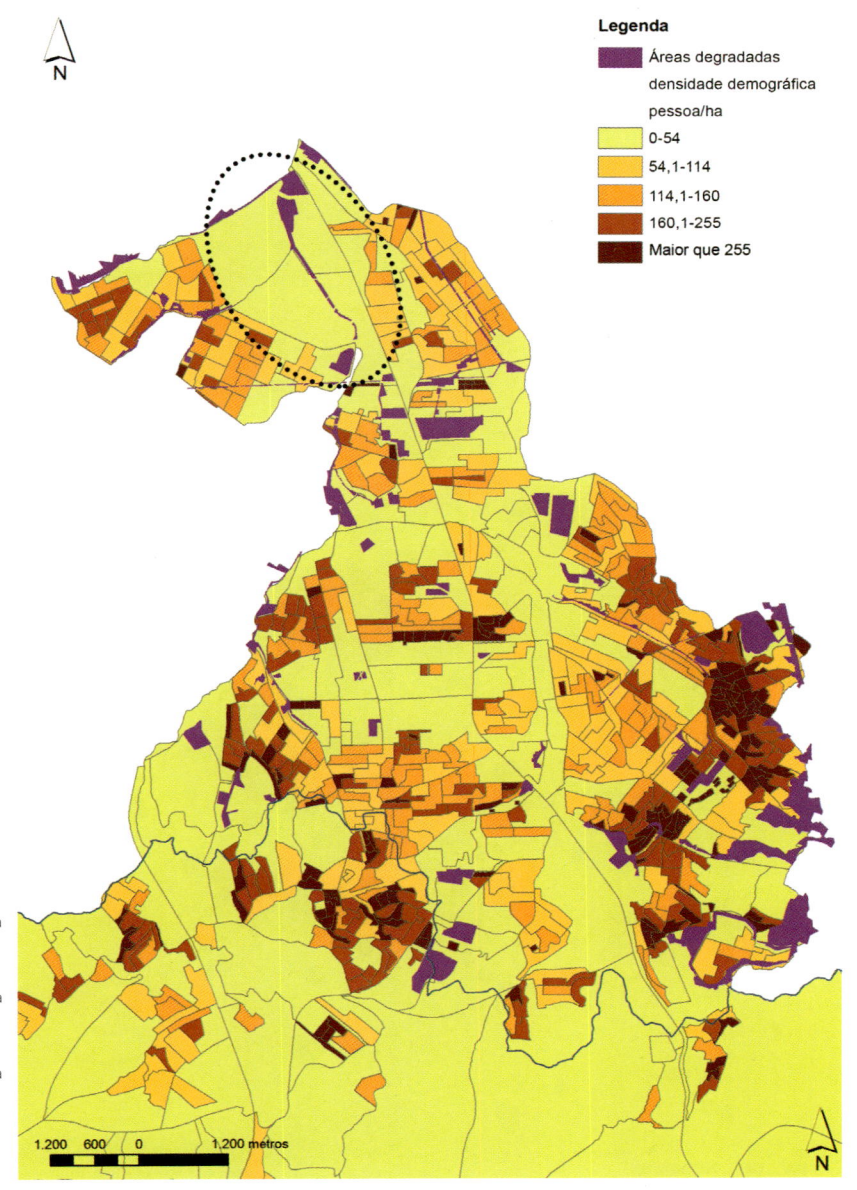

Legenda

Áreas degradadas
densidade demográfica
pessoa/ha
- 0-54
- 54,1-114
- 114,1-160
- 160,1-255
- Maior que 255

Figura 282. Mapa da densidade demográfica com sobreposição das áreas degradadas (em lilás). Na parte circulada em preto (pontilhado), pode-se notar a baixa densidade demográfica no entorno da área degradada 4, por causa do uso industrial predominante.

Por fim, outro fator associado à frequência de usuários é a proximidade entre a área degradada e os equipamentos culturais (teatros, bibliotecas, centros culturais) e as escolas. Áreas que estão mais perto desses equipamentos têm um valor potencial maior, porque, quando forem transformadas em espaços livres, esses locais poderão ser utilizados como extensão das atividades culturais e educacionais. Além disso, crianças e jovens poderão estar, diariamente, em contato com a natureza (Herbst, 2001). Foi adotado um raio máximo de 250 m de distância entre as escolas ou os equipamentos culturais e a área degradada avaliada. Por

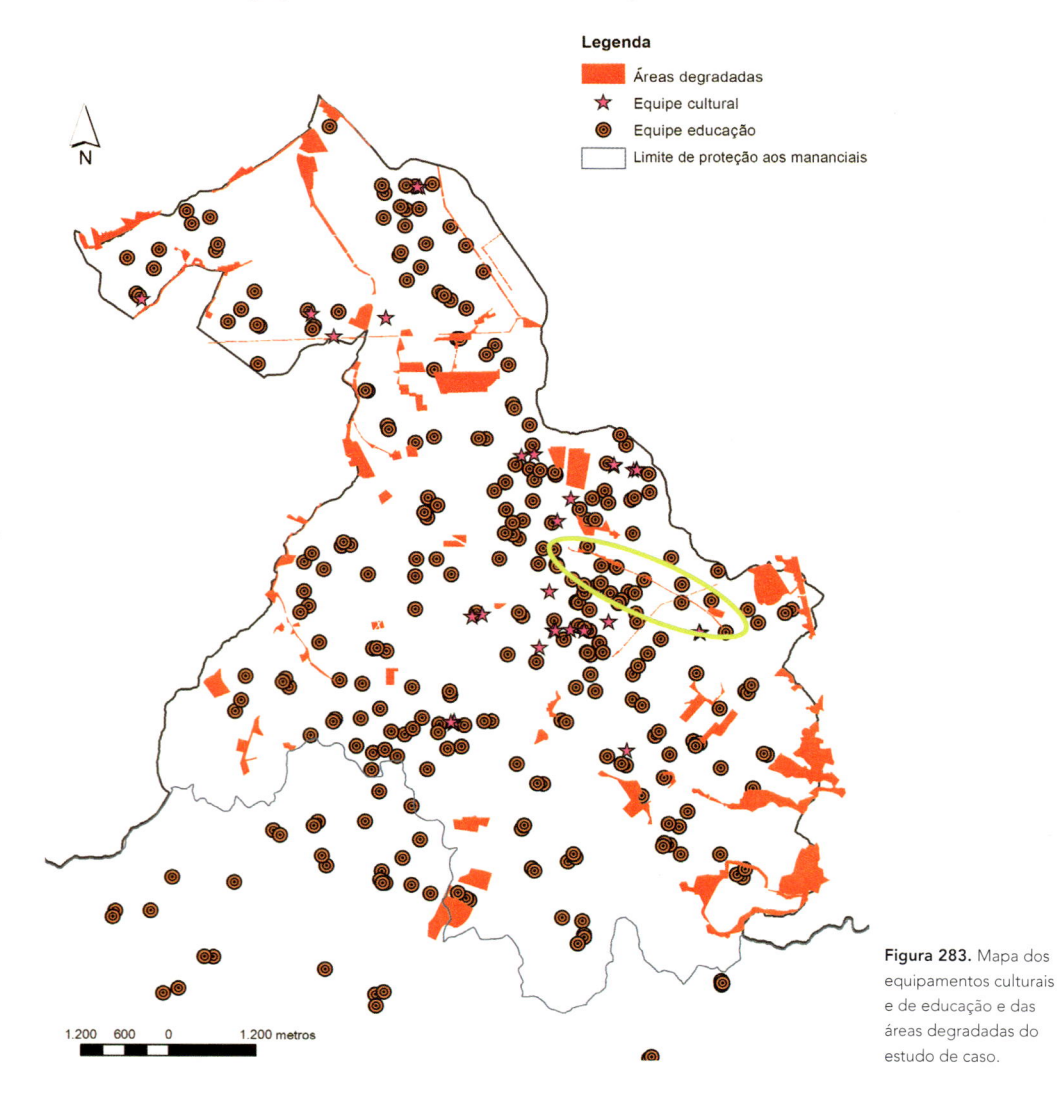

Figura 283. Mapa dos equipamentos culturais e de educação e das áreas degradadas do estudo de caso.

ser uma distância caminhável, viabilizará atividades de extensão ao ar livre (Staples, 2006; Herbst, 2001; PBRS), como práticas esportivas e de sociabilização, e até aulas de educação ambiental, ciências, geografia, biologia, entre outras.

No caso de São Bernardo, foi realizado um levantamento de todos os equipamentos educacionais (escolas) e culturais (museus, centros culturais, teatros, bibliotecas) existentes na área do estudo de caso, os quais foram sobrepostos ao mapa das áreas degradadas, o que gerou o mapa temático da Figura 283. Dessa forma, foi possível verificar quais áreas degradadas se encontram dentro do raio de 250 m de determinado equipamento. Só ao longo da avenida Pery Ronchetti, onde se encontra a área degradada 8 (circulada em amarelo no mapa), há oito escolas (públicas e privadas).

A necessidade de se minimizar o déficit de áreas verdes por meio da aquisição de novas áreas ou pela expansão das áreas verdes existentes é também outro critério a ser considerado. O déficit pode ser mensurado por duas vertentes de análise que se complementam. A primeira está relacionada com a ausência de áreas verdes para a recreação e o lazer (parques e praças com equipamentos e mobiliário urbano) em uma vizinhança ou bairro.

Alguns estudos (IEDC, 2001) indicam que a frequência de visitas de um usuário a uma área verde diminui à medida que aumenta a distância até sua moradia. Por essa razão, foi adotada aqui a condicionante de que uma área verde não deve estar mais distante que 500 m da residência dos usuários (Thrall, 1988; Herbst, 2001; The Trust for Public Land – Park Score),[9] para que essa distância possa ser percorrida a pé, em uma caminhada com duração entre 5 e 10 minutos.

Portanto, as áreas degradadas que estão dentro da "zona" ou raio de atendimento de um trajeto de 500 m de distância de uma área verde têm menos prioridade de intervenção ou recuperação do que uma vizinhança sem nenhuma área verde.

A área degradada 2 exemplifica a situação descrita: de acordo com a Figura 284, a praça mais próxima, Carlos D. Andrade (Figura 285), está apenas a 100 m de distância da área degradada avaliada. Apesar de necessitar de manutenção e cuidados, a praça possui equipamentos de lazer, como quadra poliesportiva e bancos; por isso, não se justifica-

---

9 Disponível em http://parkscore.tpl.org/.

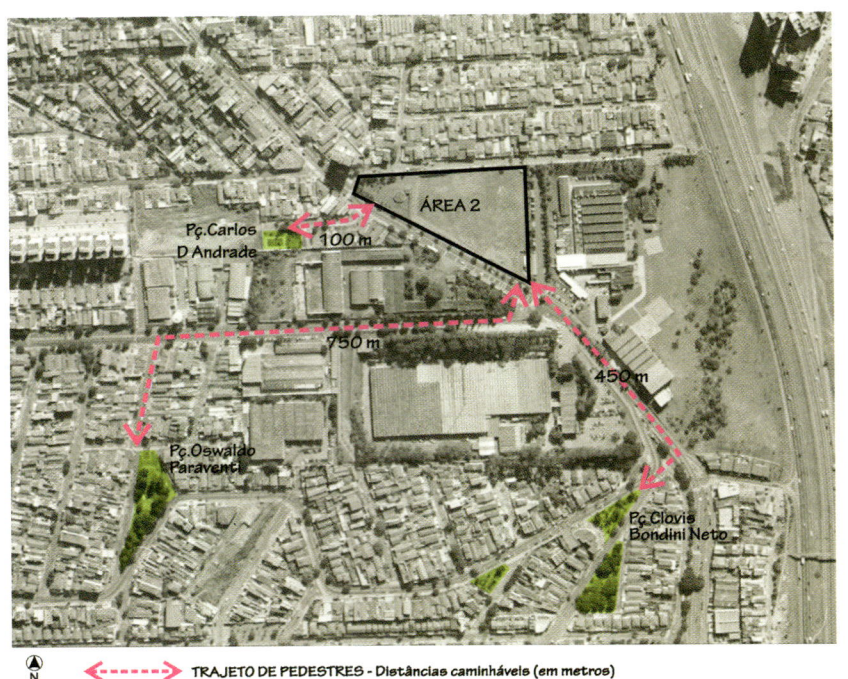

Figura 284. Distância, em metros, por trajeto de pedestres, da área degradada 2 às áreas verdes (praças) mais próximas. Fonte: Patrícia Sanches, a partir de ortofoto aérea gerada por Emplasa.

Figura 285. Vista da praça Carlos D. Andrade, com quadra poliesportiva, ao fundo, no bairro do Planalto, em São Bernardo do Campo. Foto: Patrícia Sanches.

Figura 286. Vista da praça Oswaldo Paraventi, no bairro Planalto, em São Bernardo do Campo. Foto: Patrícia Sanches.

ria a criação de uma nova área verde nas proximidades, a não ser que houvesse um programa de usos complementares aos da praça Carlos D. Andrade. Mas, ainda assim, há bairros mais necessitados e carentes em áreas de lazer. Somado a isso, pode-se observar, conforme a Figura 284, que, além da praça Carlos D. Andrade, há outras próximas, como a praça Clovis Bondini Neto, a 450 m, e a praça Oswaldo Paraventi, a 750 m (Figura 286).

A segunda vertente de análise é aplicada quando já existe uma área verde que faz divisa com a área degradada. Nesse caso, a abordagem é oposta à da primeira vertente, pois a área degradada, vista como oportunidade, poderá ser englobada e aumentar a área verde total, elevando o índice de área verde por habitante, como acontece com a área degradada 10 (Figura 287).

Localizada na estrada Samuel Aizemberg, no bairro de Cooperativa, o local é um terreno vazio de 10 ha, de propriedade particular, com vegetação rasteira, sem indivíduos arbóreos (Figura 288). Porém, o fundo do lote faz divisa com uma praça da rua Nossa Senhora de Lourdes (Figura 289), o que agrega valor à área, uma vez que a primeira poderia se estender e englobar a área avaliada.

Figura 287. Imagem aérea da área degradada 10, junto à praça da rua Nossa Senhora de Lourdes (pontilhada em branco), no bairro de Casa Grande, em São Bernardo do Campo. Fonte: Patrícia Sanches, a partir de ortofoto gerada por Emplasa.

Figura 288. Área degradada 10 vista da praça com que se limita, no bairro de Casa Grande, em São Bernardo do Campo. Foto: Patrícia Sanches.

Figura 289. Vista da praça existente na rua Nossa Senhora de Lourdes, no bairro de Casa Grande, em São Bernardo do Campo. Foto: Patrícia Sanches.

Não se pode esquecer da contribuição das áreas degradadas para a inclusão social, principalmente nos bairros e regiões mais desfavorecidos socioeconomicamente. Comunidades carentes, com menor poder aquisitivo, em geral, não têm fácil acesso a opções de lazer, recreação e maior contato com a natureza, se comparadas à classe média e alta, com acesso a clubes privados, shows culturais, passeios, viagens e casa de veraneio, entre outras opções (Kliass, 2006). As áreas degradadas em bairros mais carentes teriam, portanto, maior prioridade que as demais.

O mapeamento de bairros e regiões mais desfavorecidas socioeconomicamente em São Bernardo do Campo foi produzido a partir da informação da renda familiar do Censo mais recente (2010) do IBGE e, depois, sobreposto ao raio de atendimento de cada área degradada, que varia conforme a dimensão da área degradada, de acordo com a Figura 290.

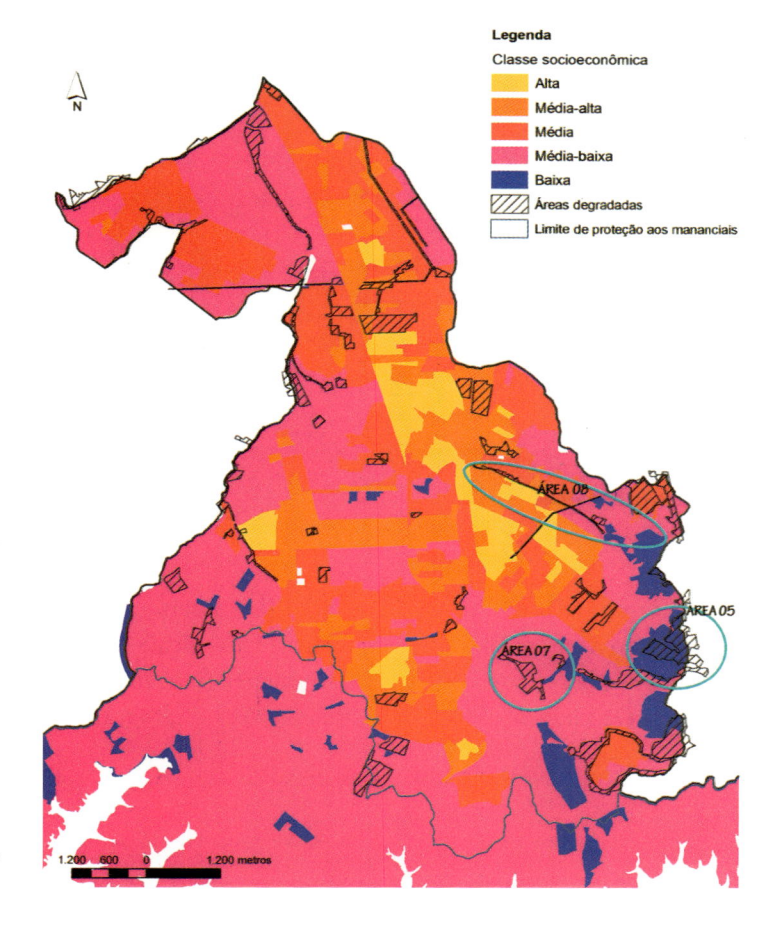

Figura 290. Mapa socioeconômico e áreas degradadas (hachuradas) do estudo de caso, em São Bernardo do Campo.

Figura 291. Mapa de vulnerabilidade social e áreas degradadas (hachuradas) do estudo de caso, em São Bernardo do Campo.

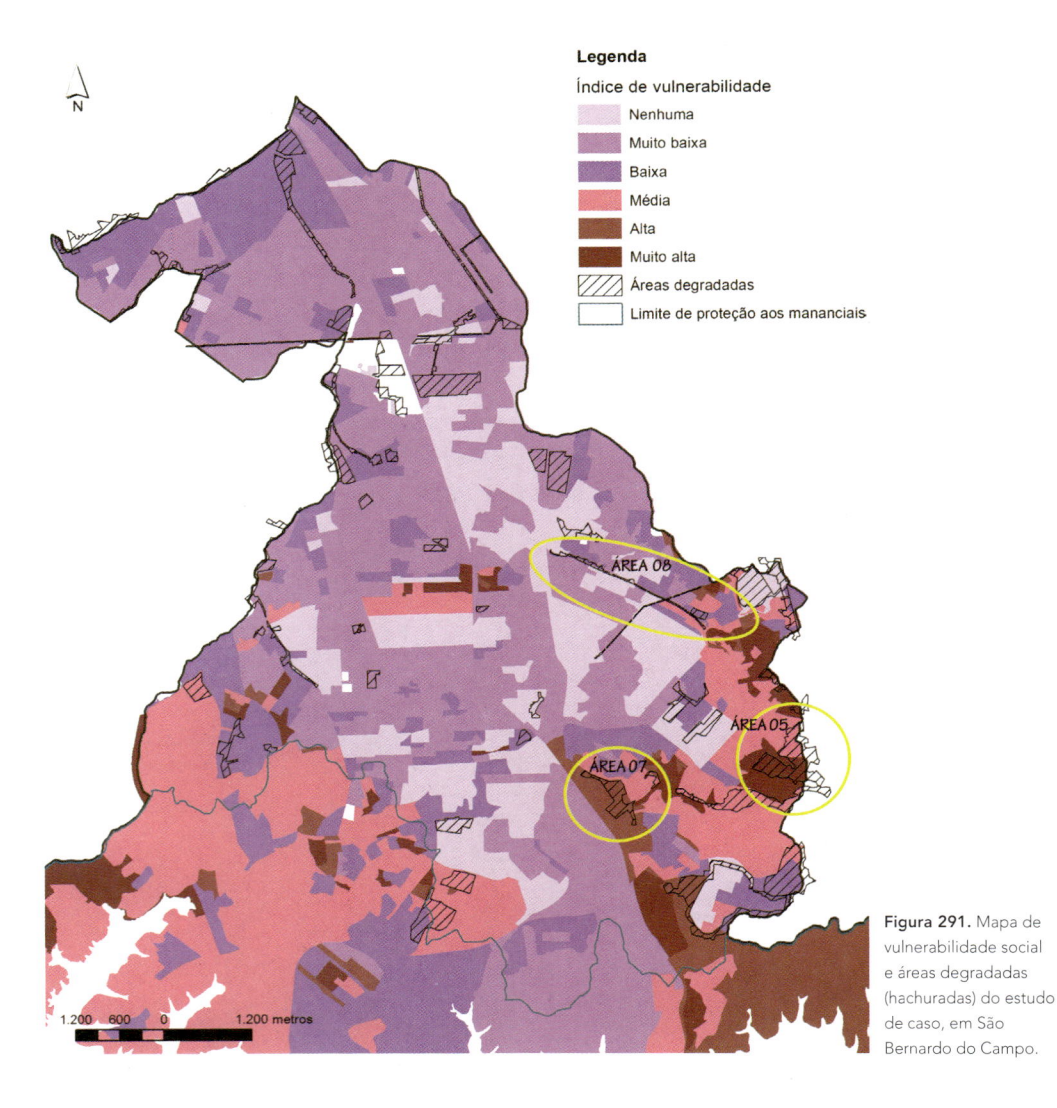

Legenda
Índice de vulnerabilidade
- Nenhuma
- Muito baixa
- Baixa
- Média
- Alta
- Muito alta
- Áreas degradadas
- Limite de proteção aos mananciais

Pode-se utilizar também o índice de vulnerabilidade do Seade,[10] priorizando as áreas degradadas próximas aos locais com alto índice de privação e pobreza (Staples, 2006; Public Benefit Recording System – PBRS)[11]. O índice de vulnerabilidade possui seis categorias de classifica-

---

10 O Índice de Vulnerabilidade Social da Fundação Sistema Estadual de Análise de Dados (Seade) retrata uma visão mais detalhada das condições de vida do município, com a identificação e a localização espacial das áreas que abrigam os segmentos populacionais mais vulneráveis à pobreza. Reúne uma série de variáveis sociais, como nível de escolaridade, renda familiar, renda dos responsáveis da família, etc. Quanto maior for a pobreza, maior será o índice de vulnerabilidade.
11 Disponível em http://www.pbrs.org.uk/. Acesso em 3-3-2014.

ção: muito alta, alta, média, baixa, muito baixa e nenhuma vulnerabilidade. Quanto maior for a vulnerabilidade do entorno, maior será o valor que se atribui à área degradada que se encontra nesse local. O mapa temático a seguir (Figura 291) retrata o cruzamento das áreas degradadas com o índice de vulnerabilidade espacializados.

No entorno das áreas degradadas 5, 7 e 8 (Figura 257, Figura 264 e Figura 271),[12] circuladas nos dois mapas (Figura 290 e Figura 291), há comunidades muito carentes vivendo em condições precárias, como assentamentos irregulares e favelas. Confirmada pelos mapas socioeconômicos e de vulnerabilidade social, essa realidade faz dessas áreas uma ótima oportunidade de recuperação e, da perspectiva social, de oferecer opções de lazer e recreação para a população local.

O quadro-resumo, a seguir, apresenta os critérios do grupo social.

GRUPO SOCIAL	
Critérios	Parâmetros
Mobilidade	Possibilidade de criação de rotas e caminhos exclusivos para pedestres e ciclistas pela área degradada
Acessibilidade	Acessibilidade à área por transporte público coletivo: oferta de linhas de ônibus, proximidade de terminais, corredores exclusivos ou estações intermodais, ciclovias.
Potencial de uso para recreação e lazer	Densidade demográfica dentro do raio de atendimento (de acordo com o tamanho da área)
	Uso do solo: residencial, comercial e industrial
	Presença de equipamentos de cultura e educação em um raio de 250 m
Déficit de áreas verdes	Ausência de espaços livres vegetados (para lazer e recreação, como praças, parques) em um raio de 500 m...
	...ou possibilidade de extensão de área verde existente (praça ou parque)
Inclusão e coesão social	Avaliação socioeconômica (renda familiar) no raio de atendimento da área degradada
	Avaliação da vulnerabilidade social no raio de atendimento da área degradada

---

12   Ver, respectivamente, p. 221, p. 226 e p. 233.

VOCAÇÃO DAS ÁREAS VERDES

Definido o alto potencial de uma área degradada para conversão em uma nova área verde, qual seria sua vocação, entre as inúmeras funções e papéis da infraestrutura verde? Teria um caráter mais social ou ambiental, ou ambos?

Uma análise mais detalhada das áreas degradadas, de acordo com os critérios descritos anteriormente, permite alcançar níveis mais elevados de entendimento e profundidade sobre o assunto, tendo condições de gerar desdobramentos, como indicar a vocação das áreas verdes.

A ideia de apontar a vocação de uso de uma futura área verde cria condições para o direcionamento da intervenção, subsidiando a escolha das estratégias da forma mais adequada e considerando as peculiaridades e os recursos locais. Obviamente, no momento da análise, se as respostas aos critérios do grupo social forem mais positivas que as do grupo ecológico, contribuindo para a construção de uma cidade mais humana e que tenha em vista a minimização de enchentes e escorregamentos, além da melhoria da qualidade das águas – fatores que afetam diretamente a vida da população – haverá uma clara indicação de predominância da vocação social.

Em contraposição, se a análise gerar respostas mais positivas aos critérios do grupo ecológico, visando a restauração ecológica, a preservação e a proteção dos recursos naturais ameaçados e da biodiversidade, regulação do ciclo hídrico e do microclima, recarga do lençol freático, minimização da erosão e do assoreamento dos rios, conclui-se que a vocação ambiental é predominante.

O grupo hídrico, por contribuir e ter uma grande interface tanto com a esfera social (por visar a melhoria da qualidade da água, o lazer e as atividades lúdicas com a água, assim como a redução dos riscos associados a inundações) quanto com a ecológica (restauração de ecossistemas aquáticos, várzeas, matas ciliares; regulação do ciclo hídrico e recarga das águas subterrâneas), foi considerado neutro na questão da vocação. No entanto, ele tem peso e valor na avaliação geral quando se analisa o potencial da área degradada como um todo.

Na prática, a classificação da vocação social, ambiental ou socioambiental se traduz em espaços vegetados diferentes no aspecto morfológico, estrutural e funcional, buscando respeitar e aproveitar as características locais como oportunidades no contexto em que estão inseridos. Por exemplo, uma área degradada com potencial predominantemente social sugere uma área verde voltada para o uso intenso pela comunidade, com atividades passivas (trilhas, caminhadas) e ativas, infraestrutura para práticas esportivas, *playgrounds*, áreas para eventos culturais, áreas de apoio (restaurantes, lanchonetes, sanitários, etc). Um exemplo clássico é o do Parque Ibirapuera, em São Paulo. O parque mais visitado da cidade de São Paulo tem um uso intenso e horários de visitação mais extensos que os dos demais (até meia-noite).

Figura 292. Ponte da amizade, símbolo do Parque Ibirapuera, em São Paulo. Foto: Patrícia Sanches.

Figura 293. Uma das áreas de *playground* do Parque Ibirapuera. Foto: Patrícia Sanches.

Figura 294. Ao redor do Parque Ibirapuera: local de encontro, lazer, atividade física e recreação. Foto: Patricia Sanches.

Figura 295. Trilha do Parque Estadual da Cantareira, em São Paulo. Foto: Patrícia Sanches.

Entretanto, uma área degradada cujo potencial predominante é o ambiental pressupõe que a área verde deve ser protegida e fiscalizada constantemente, por causa de seu alto valor ecológico e ambiental. O acesso, os horários e o número de visitantes são mais restritivos. Geralmente, possui infraestrutura para pesquisas científicas, cursos e atividades de educação ambiental. Podem ser citados como exemplos o Parque Estadual da Cantareira (Figura 295 à Figura 297) e o Horto Florestal, em São Paulo.

DIRETRIZES PARA ANALISAR E AVALIAR UMA ÁREA DEGRADADA 251

Figura 296. Lago das carpas em meio à vegetação densa do Parque Estadual da Cantareira, em São Paulo. Foto: Patrícia Sanches.

Figura 297. Do mirante do Parque Estadual da Cantareira, observa-se o contraste com a mancha urbana de São Paulo ao fundo. Foto: Patrícia Sanches.

Já uma área degradada com potencial socioambiental significa que o local e seu entorno reúnem características importantes tanto na esfera ambiental como na social, e que seus usos devem ser conciliados da melhor forma possível. Um plano de zoneamento, definindo usos específicos para cada área e acessos diferenciados, aliado a mecanismos de fiscalização, são estratégias que auxiliam na conciliação de diferentes tipos de ocupação e atividades em uma mesma área verde, o que minimiza os conflitos de uso. O Parque Ecológico do Tietê (Figura 298 à Figura 301) e a Área de Proteção Ambiental do Carmo (pontilhada em rosa na Figura 302), onde se encontra o Parque do Carmo, com uso mais intenso (Figura 303), e o Parque Natural Municipal Fazenda do Carmo, com uso mais restrito para educação ambiental e pesquisas científicas (Figura 304), em São Paulo, são bons exemplos de áreas verdes que conciliam a preservação ambiental com o uso recreativo, o lazer e outras atividades humanas.

Figura 298. Lago com pedalinhos no Parque Ecológico do Tietê, em São Paulo.
Foto: Patrícia Sanches.

Figura 299. Área recreativa de uso intenso no Parque Ecológico do Tietê, em São Paulo.
Foto: Patrícia Sanches.

Figura 300. Trilha em que convivem pedestres e quatis, no Parque Ecológico do Tietê, em São Paulo. Foto: Patrícia Sanches.

Figura 301. Ilha dos macacos, no Parque Ecológico do Tietê, em São Paulo. Foto: Patrícia Sanches.

Figura 302. Mapa da APA do Carmo (pontilhada em rosa), à qual pertencem o Parque do Carmo e o Parque Natural Municipal Fazenda do Carmo, em São Paulo. Fonte: Patrícia Sanches, a partir de imagem aérea gerada pelo site Google Earth.

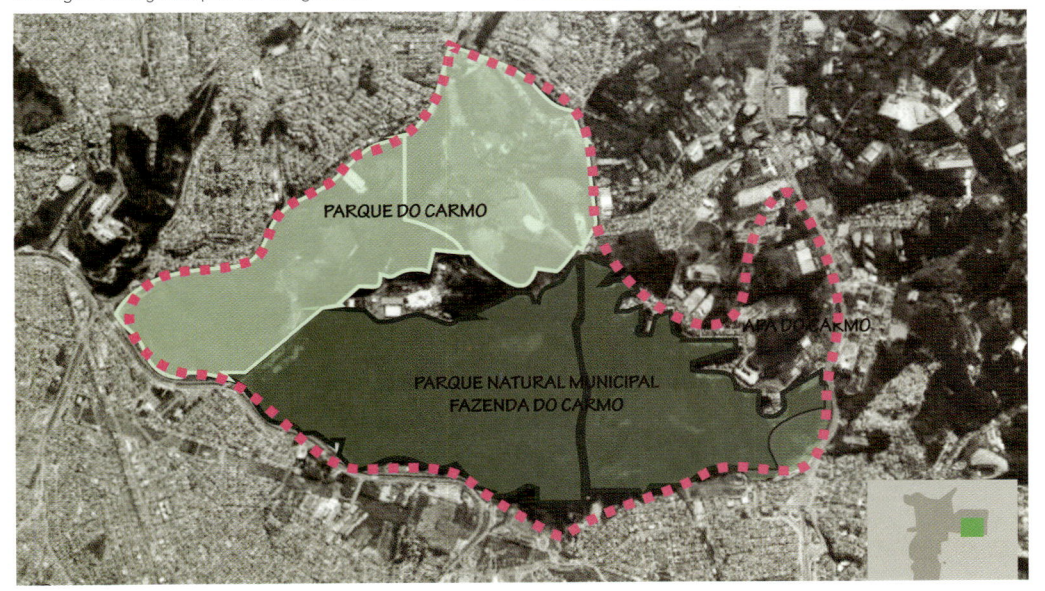

Figura 303. O Parque do Carmo, em São Paulo, inclui áreas de uso intenso pela comunidade, como o *playground*. Foto: Patrícia Sanches.

Figura 304. Vista do Parque Natural Municipal Fazenda do Carmo, ao lado do Parque do Carmo, em São Paulo. Ambos pertencem à APA do Carmo. Foto: Patrícia Sanches.

Uma análise e avaliação mais sistêmica e integrada, considerando todos os aspectos mencionados anteriormente, é fundamental para o melhor entendimento de como tudo é conectado e interdependente. Um exemplo é a área degradada 8 (que se estende ao longo do córrego Saracantan e da avenida Pery Ronchetti), que deve ser vista em uma escala mais detalhada, a fim de exemplificar algum critério de análise.

Área degradada 8 – córrego Saracantan e avenida Pery Ronchetti

A área 8, que já aparentava ser uma área degradada com alto potencial, revelou, ao longo de diversos exemplos anteriores, características intrínsecas e extrínsecas que a tornam uma área multifuncional, estratégica e de suma importância dentro da lógica da construção de uma infraestrutura verde para a cidade de São Bernardo do Campo.

Essa área não se restringe às margens gramadas do córrego Saracantan; ela se estende até o limite com a avenida Pery Ronchetti, as praças abandonadas contíguas à via e o próprio piscinão Canarinho, degradado e subutilizado, formando um sistema de áreas degradadas heterogêneo, oriundo de processos distintos. Tal diversidade de situações descortina um cenário de multifuncionalidade, em que cada parte desse sistema pode desempenhar um papel e propiciar usos específicos.

Quando se vê a imagem aérea da área degradada, o primeiro aspecto que se destaca está relacionado com o potencial de mobilidade, associado a sua forma alongada e linear. Como já foi explicado anteriormente, a avenida Pery Ronchetti é um importante eixo que conecta as zonas periféricas do sudeste da cidade, como a favela da Vila São Pedro, com o centro de São Bernardo e com os principais terminais intermodais da cidade (rodoviário e de trólebus), como pode ser observado no mapa da Figura 305. É também uma das principais vias de acesso da região à rodovia Anchieta. Identifica-se, portanto, facilmente a vocação poten-

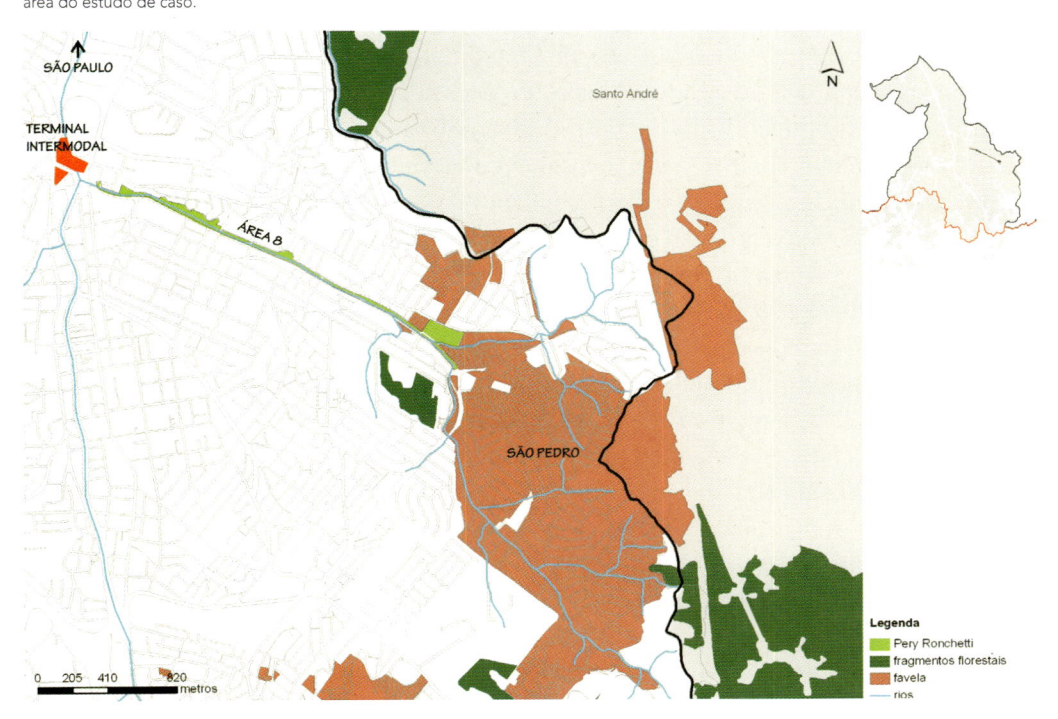

Figura 305. Mapa do eixo da avenida Pery Ronchetti, ligação entre o núcleo da favela São Pedro e o centro de São Bernardo do Campo, os terminais intermodais e a rota de acesso à Anchieta (sentido São Paulo). No pequeno mapa abaixo, está a localização da área do estudo de caso.

cial de mobilidade urbana nessas áreas verdes, que podem proporcionar rotas exclusivas e mais agradáveis aos pedestres e ciclistas, em meio à vegetação.

Além de ser uma área de fluxo de pessoas, é um eixo que conduz as águas do córrego Saracantan (Figura 310), cujas cabeceiras se encontram no morro da favela São Pedro. No entanto, no mapa da Figura 306, é possível notar as áreas inundáveis (em azul-claro) próximas aos terminais e ao Paço Municipal. Para minimizar a ocorrência de enchentes na região, foi construído um reservatório de retenção (o piscinão Canarinho). Porém, as sucessivas atitudes equivocadas, desde muito tempo atrás – o loteamento e a ocupação das várzeas; a construção da avenida Pery Ronchetti no fundo do vale, reduzindo drasticamente a APP; a canalização e retificação do córrego; e a diminuição das áreas permeáveis –, levaram a modificações no ciclo hídrico local, o que resultou em consequências desastrosas a jusante, como os grandes alagamentos recorrentes, os danos físicos e os prejuízos, colocando a população em risco. A construção do piscinão Canarinho foi a solução paliativa mais recente que se encontrou para sanar esses problemas dentro de uma realidade local caracterizada por urbanização intensa e consolidada.

Portanto, a área degradada 8 aponta também um potencial alto em relação à função hídrica, uma vez que um conjunto de estratégias, de efeito local, pode minimizar os problemas e trazer enormes ganhos ambientais para toda a região. Uma dessas estratégias é o aumento de áreas permeáveis – onde é possível – e o adensamento da vegetação arbórea, que contribui para a retenção e o amortecimento da vazão das águas da chuva e também para a redução do escoamento superficial, diminuindo a sobrecarga no sistema de drenagem tradicional de galerias subterrâneas que deságuam nos córregos. Trabalhar na escala da microdrenagem – com alagados construídos, bacias vegetadas de detenção e retenção, jardins de chuva e biovaletas, entre outros elementos – pode ser a estratégia paisagística adequada. A permeabilização das margens e sua acessibilidade à comunidade garantem melhor proteção e qualidade ambiental ao local na medida em que se desperta maior conscientização e percepção das responsabilidades de preservação e inclusão dos cidadãos na paisagem fluvial.

A análise também aponta a forte vocação social, não só pela mobilidade, mas também pelo potencial de lazer, recreação e práticas esportivas ao longo da margem – como o uso da bicicleta e a prática da corrida e da caminhada. A existência de pelo menos três praças que apresentam potencial de lazer, no eixo da avenida Pery Ronchetti, fortalece esse propósito, pois elas estão inseridas em bairros predominantemente residenciais com carência de áreas verdes. No entanto, estão malconservadas e subutilizadas em virtude da falta de manutenção e ausência de equipamentos e mobiliário urbanos para tal atividade (Figura 275, ver p. 233; e Figura 307).

Do ponto de vista ecológico, o enriquecimento da vegetação arbórea com exemplares de mata ciliar possibilitaria a formação de um dossel de árvores contínuas, constituindo um corredor ecológico importante para a avifauna. Além da margem do rio, há encostas com alta declividade, consideradas APPs, que devem ser protegidas e recuperadas por meio de um projeto de reflorestamento heterogêneo, que garanta a estabilidade do solo (Figura 274 e Figura 275).

Muitos dos projetos de áreas degradadas recuperadas e transformadas em áreas verdes, apresentadas no capítulo 1, são revistos aqui como exemplos de sucesso, cujos conceitos podem ser aplicados na área degradada 8, localizada em São Bernardo do Campo. Um exemplo é o piscinão Canarinho, que poderia manter sua função de reservar e retardar o excedente de água, porém cumprindo a mesma função de um alagado natural, como foi proposto no State Historic Park junto ao rio Los Angeles ou no alagado de Don Valley Brick Work, em Toronto. A proximidade da população em relação ao rio, o que não acontece no córrego Saracantan, é garantida por intervenções paisagísticas de requalificação das margens do córrego, como ocorre no rio Los Angeles ou no rio Emscher, no Duisburg-Nord Landscape Park.

Figura 306. Mapa da avenida Pery Ronchetti em escala mais detalhada, onde se notam as áreas verdes existentes e outros equipamentos e usos do entorno.

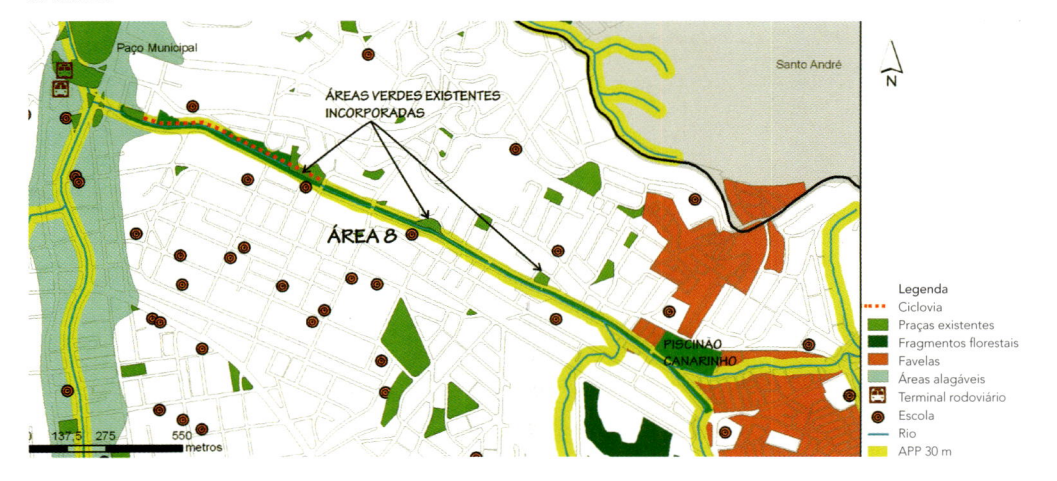

Figura 307. Uma das praças que necessita de maiores cuidados e manutenção na avenida Pery Ronchetti, em São Bernardo do Campo. Foto: Patrícia Sanches.

Figura 308. Vista do piscinão Canarinho, na avenida Pery Ronchetti, em São Bernardo do Campo. Foto: Patrícia Sanches.

Figura 309. Praça abandonada, contígua ao córrego Saracantan, em São Bernardo do Campo. Foto: Patrícia Sanches.

Figura 310. Margens degradadas ao longo do córrego Saracatan, na avenida Pery Ronchetti, em São Bernardo do Campo. Foto: Patrícia Sanches.

Figura 311. Porções de solo exposto na área degradada 1, na estrada Galvão Bueno, em São Bernardo do Campo. Foto: Patrícia Sanches.

Área degradada 1 – Galvão Bueno

A área degradada 1, contornada pela linha pontilhada vermelha na Figura 313, situa-se na estrada Galvão Bueno, continuação da avenida Maria Servidei Demarchi, e interliga a rodovia Anchieta e a rodovia Imigrantes, constituindo uma importante via de acesso e escoamento da produção. A área avaliada apresenta vegetação em estágio de sucessão inicial (capoeira) e, em alguns pontos, solo exposto (Figura 311). Entretanto, a sudeste (em direção à represa Billings) há remanescentes florestais, muito próximos, em estágio de regeneração avançado (Figura 312). Em virtude da proximidade dessas matas, verifica-se o potencial

Figura 312. Remanescentes florestais ao lado da área degradada 1, em São Bernardo do Campo. Foto: Patrícia Sanches.

ecológico da área degradada, considerando que há maior facilidade de recolonização de espécies nativas e de restauração ecológica. Além disso, uma alta conectividade seria propiciada, auxiliando no aumento do fluxo de espécies e de genes e, portanto, no aumento da biodiversidade.

Ainda que a área tenha porte para um parque regional, sua localização e acessibilidade por transporte público não é facilitada. Como são poucas as linhas de ônibus (linhas de ônibus circular representadas em roxo) que servem a região, sua vocação predominante é a de atender mais a comunidade local.

A maior parte das residências, inclusive as principais favelas, encontram-se ao norte. Portanto, nota-se que toda porção norte da área degradada tem uma vocação social de utilização pela vizinhança. Essa relação fica bem clara quando se observa o mapa da Figura 313, sendo possível apontar uma vocação socioambiental, além de lançar as primeiras diretrizes de uso e zoneamento da área degradada, em função do uso e da ocupação do solo do entorno. Assim, dentro da área pontilhada, a seção circulada em vermelho representa a porção de área degradada que tem maior potencial de uso pela população, devido à proximidade das áreas residenciais. Já a seção circulada em verde-escuro tem interface com as áreas industriais e os fragmentos florestais, sugerindo, assim, um uso menos intenso, com maior preocupação com a restauração e as conexões ecológicas.

DIRETRIZES PARA ANALISAR E AVALIAR UMA ÁREA DEGRADADA 261

Figura 313. Mapa detalhado com definição do caráter e vocação da futura área verde (área degradada 1), em São Bernardo do Campo.

CONSIDERAÇÕES FINAIS E DESDOBRAMENTOS

Ao longo da história, o homem obteve diversas conquistas e avanços tecnológicos por meio de sua inteligência, sabedoria e habilidades, e pôde modificar áreas naturais e construir novos ambientes para atender às suas necessidades. Dessas ações resultaram as cidades, com seus edifícios, ruas, vias, redes de transportes e de infraestrutura. No entanto, os ambientes criados foram se tornando cada vez mais hostis à fauna e flora local, impedindo que os processos ecológicos ocorressem de forma natural e equilibrada como antes.

Depois de séculos de civilização, somente agora a sociedade, de forma geral, começa a perceber a importância do equilíbrio entre o meio natural e o artificial para a sobrevivência e o bem-estar da própria espécie no hábitat urbano, respeitando os fluxos e os processos ecológicos com a mínima interferência possível (Spirn,1995; Hough,1998). É nesse contexto que o homem passa a observar a natureza e a se inspirar nela para recriar espaços vegetados e reconstruir e restaurar hábitats, trazendo, portanto, as áreas naturais para dentro das cidades.

A criação de mais áreas verdes, no entanto, é um desafio para as grandes cidades já consolidadas. Se, por um lado, as zonas centrais são muito adensadas e impermeabilizadas, e o preço da terra é extremamente alto, por outro lado, nas periferias e nas áreas de expansão, onde há a pressão pela ocupação, principalmente de assentamentos irregulares, o que se observa é a extinção das poucas áreas livres, que antes pertenciam às áreas rurais ou matas preservadas. Paradoxalmente, é nesse cenário dicotômico que reside a maior demanda por espaços vegetados, seja para o lazer e bem-estar social, seja para a minimização dos problemas ambientais ou para o aumento da biodiversidade e da conectividade ecológica.

Diante desse impasse, o que se defende aqui é a proposta da criação e restauração de espaços livres e vegetados em áreas degradadas. Para entender melhor o significado dessa ideia, o leitor é conduzido ao panorama atual de recuperação e conversão de áreas degradadas em áreas verdes, que se revela por meio da exposição de planos e projetos de referências e experiências práticas aplicadas em diversos locais do mundo, ressaltando tanto os desafios quanto os pontos positivos e negativos dessas intervenções.

Em exemplos de sucesso de recuperação de uma área degradada e sua conversão em área verde pública, seja um parque, seja uma praça ou um jardim, o que se observa é o fortalecimento e a concretização de projetos graças à parceria público-privada, gerida por uma organização não governamental (ONG), como é o caso do High Line Park, em Nova York; do Bloomingdale Park, em Chicago; e da praça Victor Civita, em São Paulo – todos realizados e mantidos por fundos mistos e gerenciados por instituições sem fins lucrativos. São em geral projetos de longo prazo, porque envolvem diversos atores e partes interessadas, além da participação intensa da comunidade em todas as etapas do processo. Essas iniciativas, embora tenham um caráter democrático e inclusivo, são um pouco mais lentas. No entanto, é justamente o comprometimento da sociedade, consciente de seu papel e poder nas decisões do planejamento e gestão das cidades, que sustenta e garante o sucesso e a perenidade de tais projetos revitalizadores, lembrando que a ideia embrionária de muitos projetos originou-se da própria reivindicação e insatisfação da comunidade local. Ora, para quem são destinadas as ações de transformação de parcelas decadentes e degradadas da cidade senão para os próprios cidadãos que nela habitam? É por essa razão que elas só fazem sentido se forem acolhidas e mantidas por cada um de nós.

É interessante observar os grandes investimentos do poder público – e algumas vezes da iniciativa privada, como ocorreu no Canadá, com o projeto Waterfront Toronto, ou com o High Line, em Nova York – com a criação de tantos espaços públicos inovadores, aplicando materiais de acabamento, pisos e mobiliário urbano de alta qualidade, mesmo que seja para um período curto de utilização, que se restringe aos meses de verão e de poucas semanas na primavera ou no outono. Se comparados com os países tropicais, como o Brasil, cujo clima possibilita a utilização dos espaços públicos praticamente o ano todo, pode-se pensar no alto potencial das áreas degradadas no âmbito brasileiro, a começar pelo clima e pela vegetação exuberante, que floresce nos locais mais inóspitos, como em frestas de pavimentos de concreto e coberturas.

A pesquisa que aqui se apresenta tem o objetivo de explorar mais a fundo o papel dos espaços vegetados. Traz o conceito de infraestrutura verde aplicado à recuperação das áreas degradadas, mostrando que muitas autoridades públicas, no mundo, já estão planejando e intervindo segundo a premissa da multifuncionalidade das áreas verdes como um sistema de infraestrutura urbana. Tal abordagem atinge outras dimensões de escala e dinâmica, pois passa a ser entendida como uma estratégia a ser adotada de forma sistêmica em toda a cidade, e não apenas como uma ação pontual e, assim, ganha muito mais significância e gera mais resultados positivos para a cidade.

Mas aí surgem os principais questionamentos: Quais áreas degradadas, entre um conjunto de possibilidades, teriam um potencial maior de serem transformadas em um espaço vegetado? E qual seria a vocação dessas áreas degradadas, entre os diversos papéis das áreas verdes: uma vocação mais social ou ambiental? A essência da pesquisa reside em auxiliar e direcionar o próprio leitor a responder a essas questões por meio de uma análise crítica, indicando o ponto de partida e os critérios para uma avaliação preliminar das áreas degradadas. Ou seja, nem todas podem ser convertidas em áreas verdes destinadas a lazer, recreação ou preservação; nem todas têm uma vocação concomitantemente social e ambiental. É necessário considerar, portanto, as características intrínsecas e as extrínsecas, entendendo a dinâmica da cidade e do bairro onde ela está inserida.

No capítulo 5, foram apresentados apenas os aspectos (sociais, ecológicos e hídricos) que devem ser levados em consideração no momento da análise do potencial de uma área degradada ser transformada em uma área verde. O ideal é que as áreas sejam avaliadas com a atribuição de valores para cada critério, seja qualitativo, seja quantitativo, alcançando um resultado de fácil mensuração diante de um leque de opções de áreas degradadas. Dessa forma, a avaliação pode servir de orientação para a tomada de decisões fundamentadas tecnicamente, em que sejam previstos seus possíveis usos, implicações, investimentos, ganhos e retornos.

Uma ferramenta metodológica, que mensura quantitativamente o grau potencial das áreas degradadas, foi desenvolvida em minha pesquisa de mestrado (Sanches, 2011).[1] Por meio de extensa pesquisa e revisão de literatura sobre o assunto, foram definidos os critérios (mencionados neste livro) voltados para a realidade brasileira das grandes cidades e centros urbanos, porém, aplicados ao estudo de caso na cidade de São Bernardo do Campo. Posteriormente, foram atribuídos valores quantitativos para se chegar um único valor final de fácil comparação e classificação (ranqueamento).

Muito mais que uma ferramenta de avaliação voltada para as áreas degradadas de São Bernardo do Campo, essa ferramenta metodológica permite estender a avaliação e a aplicação prática para o planejamento urbano-ambiental de outras cidade brasileiras, de médio a grande porte, que enfrentam problemas e demandas semelhantes aos de São Bernardo do Campo e aos da região metropolitana de São Paulo. Obviamente, um ou outro indicador e critério deve ser incluído, excluído ou adaptado à realidade local, considerando sempre as características físicas, ambientais, urbanísticas e culturais, assim como o processo de urbanização da cidade.

Vale lembrar que a ferramenta visa apresentar as potencialidades de cada área. As áreas que reúnem características importantes e decisivas foram evidenciadas, o que permite atribuir-lhes um alto valor. Fazendo uma analogia com os conhecidos *hotspots* da biodiversidade,[2] pode-se falar, então, em "*hotspots* das áreas degradadas", ou seja, áreas estrategicamente importantes de alto valor em relação àquilo que está sendo avaliado; nesse caso, o potencial de conversão em áreas verdes. Esses *hotspots* podem ser muito úteis para os órgãos planejadores, as instituições e o poder público, pois indicam a potencialidade e a direção a ser seguida. No entanto, não determinam o sucesso de um projeto de revitalização única e exclusivamente pelo seu alto valor potencial. O sucesso está ancorado em uma série de outros fatores que facilitam e

---

1 O documento pode ser consultado na íntegra, em papel, nas bibliotecas da Faculdade de Arquitetura e Urbanismo da Universidade de São Paulo (FAU-USP), ou acessado, como arquivo digital, em http://www.teses.usp.br/teses/disponiveis/16/16135/tde-05122011-100405/pt-br.php.

2 O conceito *hotspot* foi criado em 1988 pelo ecólogo inglês Norman Myers para resolver um dos maiores dilemas dos conservacionistas: quais as áreas mais importantes para preservar a biodiversidade na Terra? *Hotspot* é, portanto, toda área prioritária para conservação, isto é, de alta biodiversidade e ameaçada no mais alto grau. Disponível em http://www.conservation.org. Acesso em mar. de 2014.

possibilitam a concretização do projeto, tal como bons projetos paisagísticos, com o envolvimento e apoio da comunidade, o financiamento governamental e o auxílio ou recurso privado.

Uma vez que se tenha mapeado e avaliado as áreas degradadas, outras variáveis, que não foram contempladas aqui, devem ser consideradas em uma etapa posterior, como um estudo aprofundado da viabilidade físico-financeira, que incluem:

- ▶ a aquisição do terreno, pois ele pode ser de propriedade pública ou privada;
- ▶ a investigação do risco de contaminação e outros passivos ambientais, pensando no melhor método e custo-benefício do processo de remediação, caso a área esteja contaminada;
- ▶ o tempo de obra e custo de implantação;
- ▶ o custo de manutenção;
- ▶ o tempo de retorno do investimento.

A escassez de pesquisas, no âmbito nacional, a respeito de critérios de avaliação de recuperação de áreas degradadas para conversão em espaços vegetados torna este livro pioneiro, ao estabelecer a oportunidade de gerar uma série de discussões e reflexões sobre o modo de planejar, atualmente, a paisagem das cidades brasileiras, e sobre as funções das áreas verdes como componentes multifuncionais de uma infraestrutura verde urbana.

No entanto, o sucesso da aplicação prática dessa estratégia no exercício do planejamento urbano depende não somente da oferta de áreas degradadas na área urbana e de uma avaliação bem fundamentada e embasada, mas também da participação e atuação efetiva de três atores-chave: (1) o poder público e corpo técnico, (2) a iniciativa privada e (3) a população, em conjunto com organizações não governamentais.

Os órgãos executivos e legislativos, como prefeituras, secretarias e câmaras, exercem papel fundamental, pois são os tomadores de decisão e podem trazer para a pauta de discussão a importância da revitalização das áreas degradadas e, ao mesmo tempo, a necessidade de serem criadas mais áreas verdes urbanas. A elaboração de leis e o desenvolvimento de políticas públicas, programas e captação de recursos (federais, estaduais ou fundos ambientais) são ações estruturais, em relação às quais esta pesquisa se torna apenas uma ferramenta de auxílio preliminar. As autoridades públicas, primeiro, devem se conscientizar de que ações para recuperar e converter áreas degradadas em áreas verdes podem trazer enormes benefícios não só sociais como econômicos: a cidade oferece mais atrativos para investimentos e se torna mais competitiva e, assim, se reposiciona com destaque entre os centros urbanos próximos, além de fortalecer sua imagem diante daqueles que moram, trabalham e produzem nesse local.

A concretização de novas ideias e diretrizes lançadas pelo governo depende também de um excelente corpo técnico, que esteja consciente de que não se trata de espaços verdes convencionais, nem de projetos padronizados que possam ser replicados em qualquer realidade. São necessários projetistas e planejadores urbanos preparados para planejar e intervir na cidade, projetar e executar espaços multifuncionais agradáveis e inovadores, em consonância com as ideias pioneiras de infraestrutura verde e com as demandas locais.

Ao mesmo tempo, é necessário trazer a iniciativa privada como parceira, com o argumento de que a recuperação e a conversão de áreas degradadas em áreas verdes são bons investimentos e negócio. Independentemente da vocação identificada (ambiental, social ou socioambiental), projetos destinados à criação de áreas verdes não necessariamente devem ser apenas de parques, praças e jardins públicos; eles podem se apresentar de diferentes formas, associados ou não a outros usos privados, como complexo de escritórios, loteamentos residenciais, empreendimentos de uso misto (comércio, serviços e residências) ou *campus* universitário. Ou seja, a ideia central é a de buscar a parceria da iniciativa privada para criar espaços vegetados semipúblicos ou públicos que desempenhem diversas funções, de acordo com o contexto e as peculiaridades do local, auxiliando na manutenção e no resgate da identidade local, como é o caso de tantos projetos realizados com a parceria público-privada, vistos nos capítulos 2 e 3.

Já a população, buscando se unir em torno de associações de moradores, grupos de defesa, ONGs, ou mesmo mobilizada em núcleos de amigos e parentes, pode pressionar por melhorias e reivindicá-las para seus bairros e locais de trabalho. Abraçar a ideia dessas novas intervenções e projetos, exercer a cidadania e participar ativamente das decisões perante o poder público são ações essenciais para a consolidação e o sucesso desses novos espaços verdes no tecido urbano.

Por fim, este livro pretende convidar o leitor a refletir sobre áreas aparentemente sem valor, abandonadas e em total degradação e vislumbrar suas possibilidades de revitalização, identificando potencialidades que, embora evidentes, muitas vezes não são percebidas. O leitor, mais do que nunca, é um agente multiplicador e um grande aliado que pode ver, sentir e treinar o olhar para transformar problemas em soluções, participando e decidindo sobre os diferentes usos dos espaços vegetados aqui propostos e sobre o rumo das áreas degradadas, que não devem ser excluídas, mesmo que sua vocação indique um uso diferente do que aqui foi apresentado.

Enfim, os conhecimentos e as experimentações estudadas neste livro oferecem instrumentos para a concretização do sonho de um novo modo de viver nas cidades, tornadas mais humanizadas, vivas e acolhedoras.

BIBLIOGRAFIA

A VISION FOR SMART GROWTH. *Sustainable Development Design Charrette – Milwaukee`s Menomonee River Valley*. Milwaukee: Planning and Design Institute/Sixteenth Street Community Health Center, 2000.

AHERN, J. "Green Infrastructure for Cities: The Spatial Dimension". Em NOVOTNY, V.; BRECKENRIDGE, L. & BROWN, P. *Cities of the Future: Towards Integrated Sustainable Water and Landscape Management*. Londres: IWA Publishing, 2007.

ALVES, Maristela Pimentel. *A recuperação de rios degradados e sua reinserção na paisagem urbana: a experiência do rio Emscher na Alemanha*. Dissertação de mestrado. São Paulo: FAU-USP, 2003.

ANDRADE, J. C. M. *Fitorremediação: o uso de plantas na melhoria da qualidade ambiental*. São Paulo: Oficina de Textos, 2007.

BARCELLOS, V. Q. *Os novos papéis do parque público: o caso dos parques de Curitiba e do projeto orla de Brasília*. Disponível em http://vsites.unb.br/fau/pos_graduacao/paranoa/edicao2000/parques/parques.html. Acesso em jan. de 2010.

BENEDICT, Mark A. & MCMAHON; Edward T. *Green Infrastructure: Smart Conservation for the 21st Century*. Washington: The Conservation Fund, 2002.

BITAR, O. Y. *Avaliação da recuperação de áreas degradadas por mineração na região metropolitana de São Paulo*. Tese de doutorado. São Paulo: Escola Politécnica-USP, 1997.

CALIFORNIA STATE PARKS. *Los Angeles State Historic Park: Community Workshop 3*. Los Angeles: Department of Parks and Recreation, 2008.

CAVALHEIRO F. et al. "Proposição de terminologia para verde urbano". Em *Boletim Informativo da Sociedade Brasileira de Arborização Urbana*, ano VII, nº 3, Rio de Janeiro,1999.

CAVALHEIRO, F. & DEL PICCHIA, P. "Áreas verdes: conceitos, objetivos e diretrizes para o planejamento". Em *Anais do 1º Congresso Brasileiro Sobre Arborização Urbana e 4º Encontro Nacional Sobre Arborização Urbana*, Vitória, 1992.

CETESB, GTZ. *Manual de gerenciamento de áreas contaminadas*. São Paulo: Cetesb, 2001. Disponível em http://www.cetesb.sp.gov.br/areas-contaminadas/manual-de-gerenciamento-de-areas-contaminadas/7-manual-de-gerenciamento-das-acs.

CHACEL. F. *Paisagismo e ecogênese*. São Paulo: ArtLiber, 2001.

CHADDAD, J. "Evolução urbana na arquitetura e no paisagismo." Em DEMÉTRIO, U. A. et al. *Composição paisagística em parques e jardins*. Piracicaba: Fealq, 2000.

CITY OF NEW YORK – PARKS & RECREATION. "Freshkills Park". Disponível em http://www.nycgovparks.org/park-features/freshkills-park.

CORMIER, Nate. "Green Infrastructure: High Performance Landscapes for Healthy Cities". Em *Discussão sobre Inserção do Verde e Drenagem Urbana Sustentável*. São Paulo: Sabesp, 2008.

CROMPTON, J. L.; LOVE, L. L. & T. A. MORE. "An Empirical Study of the Role of Recreation, Parks and Open Space in Companies (Re) Location Decision". Em *Journal of Park and Recreation Administration*, 1997. Disponível em http://js.sagamorepub.com/jpra/article/view/1695.

CYRILLO, K. *Sistemas de espaços livres de Santo André e São Bernardo do Campo*. Relatório de pesquisa de iniciação científica. São Paulo: FAU-USP, 2008.

DAVID, Joshua. *Reclaiming the Highline. A Project of the Design Trust for the Public with Friends of the Highline*. Nova York: Design Trust for Public Space with Friends of the High Line, 2002.

DON RIVER WATERSHED PLAN. Toronto: Toronto and Region Conservation – TRCA, 2009. Disponível em http://www.trca.on.ca.

ENGER, V. L. & PARROTTA, J. A. "Definindo a restauração ecológica: tendências e perspectivas mundiais". Em *Restauração ecológica de ecossistemas naturais*. Botucatu: Fepaf, 2003.

EVANS. A. W. "The Economics of Vacant Land". Em GREENSTEIN, R. & SUNGU-ERYILMAZ, Y. (orgs.). *Recycling the City: the Use and Reuse Of Urban Land*. Massachusetts: Lincoln Institute of Land Policy, 2004.

EVERGREEN. *Green Space Acquisition and Stewardship in Canada's Urban Municipalities. Results of a Nation-wide Survey*. Toronto: Evergreen, 2004.

FORMAN, Richard T. T. *Land Mosaics: The ecology of landscapes and regions*. Cambridge: Cambridge University, 1995.

_____; DRAMSTAD, W. E. & OLSON, J. D. *Landscape Ecology Principles in Landscape Architecture and Land-Use Planning*. Washington: Island Press, 1996.

FULFORD, R. *Accidental City: the Transformation of Toronto*. Toronto: Macfarlane, Walter & Ross, 1995.

GCV GREEN NETWORK PARTNERSHIP. *Glasgow and Clyde Valley Green Network: Planning Guidance*. GCV Green Network Partnership, 2008. Disponível em http://www.gcvgreennetwork.gov.uk/. Acesso em mar. de 2010.

_____. *Glasgow and The Clyde Valley Joint Structure Plan – The Twenty Year Development Vision*. Green Network Partnership, 2008. Disponível em http://www.gcvgreennetwork.gov.uk/. Acesso em mar. de 2010.

GORSKI, M. C. B. *Rios e cidades: ruptura e reconciliação*. São Paulo: Editora Senac São Paulo, 2010.

GREENSPACE QUALITY. *A Guide to Assessment, Planning and Strategic Development*. 2008. Disponível em http://www.greenspacescotland.org.uk/.

GÜNTHER, W. M. R. "Áreas contaminadas no contexto da gestão urbana". *Em São Paulo em Perspectiva*, 20 (2), São Paulo, Fundação Seade, abr.-jun. de 2006. Disponível em http://www.seade.gov.br; http://www.scielo.br.

HANDLEY, John *et al*. *Accessible Natural Green Space Standards in Towns and Cities: a Review and Toolkit for their Implementation*. Peterborough: Northminster House, 2003.

HARNIK, P. *Urban Green: Inovative Parks for Resurgent Cities*. Washington: Island Press, 2010.

_____ & WELLE, B. *Measuring the Economic Value of a City Park System*. Washington: The Trust for Public Land, 2003.

_____; TAYLOR M. & WELLE, B. *From Dumps to Destinations: the Conversion of Landfills to Parks*. Washington: The Trust for Public Land, 2006.

HARVEY, S. (org.). *Central Waterfront Update*. Planning, Design & Development Section, 2009.

HENKE-OLIVEIRA, C. *Análise de padrões e processos no uso do solo, vegetação, crescimento e adensamento urbano. Estudo de caso: município de Luiz Antônio (SP)*. Tese de doutorado. São Carlos: UFSCar, 2001.

HERBST, H. *The Importance of Wasteland as Urban Wildlife Areas: with Particular Reference to the Cities Leipzig and Birmingham*. Tese de doutorado. Leipzig: Faculdade de Física e Geografia – Universidade de Leipzig, 2001. Disponível em http://www.toronto.ca/economic_profile/index.htm. Acesso em 30-5-2006.

HOUGH, M. *Cities and Natural Process*. Londres: Routledge, 1995.

INTERNATIONAL ECONOMIC DEVELOPMENT COUNCIL. *Converting Brownfields to Green Space*. Washington: IEDC, 2001.

KIVELL, P. T. "Les friches et le decline industriel dans les villes britanniques". Em *Revue Belge de Geographie*, 1992.

KLIASS, R. & MAGNOLI, M. "Áreas verdes de recreação". Em *Revista Paisagem e Ambiente: ensaios*, nº 21, São Paulo, 2006.

KUNZMANN, K. "Creative Brownfield Redevelopment: the experience of the IBA Emscher Park Initiative in the Ruhr in Germany". Em GREENSTEIN, R. & SUNGU-ERYILMAZ, Y. (orgs.). *Recycling the City: the Use and Reuse of Urban Land*. Massachusetts: Lincoln Institute of Land Policy, 2004.

LANDSCAPE ARCHITECTURE FOUDANTION. "Menomonee Valley Redevelopment and Comunity Park". Disponível em http://www.lafoundation.org/research/landscape-performance-series/case-studies/case-study/135/.

LEITE, C. & AWAD, J. C. M. *Cidades sustentáveis, cidades emergentes: desenvolvimento sustentável num planeta urbano*. Porto Alegre: Bookman, 2012.

LERNER, S. & POOLE, W. *The Economic Benefits of Parks and Open Space*. São Francisco: Trust for Public Land, 1999.

LIMA, A. et al. "As áreas de Piracicaba". Em *Anais do III Encontro Nacional sobre Arborização Urbana*. Curitiba, 1990.

LOS ANGELES CITY. *River Revitalization Master Plan*. Los Angeles: City of Los Angeles, 2007. Disponível em http://www.lariver.org. Acesso em mar. de 2010.

LOS ANGELES DEPARTMENT OF PARKS AND RECREATION CITY. *State Historic Park: Community Workshop 3*. Los Angeles: Hargreaves Associates Design Team, California State Parks, 2008.

LOS ANGELES DEPARTMENT OF RECREATION AND PARKS. *Community Wide Needs Assessment – Summary Report*. Los Angeles: Los Angeles Recreation and Parks Department. Disponível em http://www.laparks.org/planning.

LOUBACK, L. R. *Análise crítica dos projetos "Porto maravilha", "Rio Século XXI" e ampliação do cais de passageiros no porto do Rio de Janeiro*. Projeto de graduação. Rio de Janeiro: Escola Politécnica – UFRJ, 2012.

MAGALHÃES, A. F. & VASCONCELLOS, M. K. (orgs.). *Fauna silvestre: quem são e onde vivem os animais na metrópole paulistana*. São Paulo: Secretaria Municipal do Verde e Meio Ambiente, 2007.

MENOMONEE VALLEY PARTNERS, INC. Milwaukee, EUA. Disponível em http://www.renewthevalley.org/.

METZGER, J. P. "O que é ecologia das paisagens?". Em *Revista Biota Neotrópica*, 1 (1/2), Campinas, 2001.

MIANA, A. C. *Adensamento e forma urbana: inserção de parâmetros ambientais no processo de projeto*. Tese de doutorado. São Paulo: FAU-USP, 2010.

MORINAGA, Carlos Minoru. *A implantação de projetos paisagísticos em áreas ambientalmente degradadas por contaminação no município de São Paulo*. Dissertação de mestrado. São Paulo: FAU-USP, 2007.

NATIONAL ASSOCIATION OF LOCAL GOVERNMENT PROFESSIONALS. *Unlocking Brownfields: keys to community revitalization*. Washington: National Association of Local Government of Environmental Professionals and the Northeast-Midwest Institute, 2004.

NY/NJ BAYKEEPER. *Brownfields to Greenfields*. New Jersey, 2006.

OLIVEIRA, E. "Revitalização (impressionante) do Rio Cheonggyecheon (Coréia do Sul)". Em *Revista Sustenta*, maio de 2009.

PAGANO, M. A. & BOWMAN, A. O'M. "Vacant Land as Oportunity and Challenge". Em GREENSTEIN, R. & SUNGU-ERYILMAZ, Y. (orgs.). *Recycling the City: the Use and Reuse of Urban Land*. Massachusetts: Lincoln Institute of Land Policy, 2004.

PELLEGRINO, P. R. M. *et al*. "Paisagem da borda: uma estratégia para a condução das águas, da biodiversidade e das pessoas". Em COSTA, Lucia M. S. A. (org.). *Rios e paisagem urbana em cidades brasileiras*. Vol. 1. Rio de Janeiro: Viana & Mosley/PROURB, 2006.

PIOLLI, A. L.; CELESTINI, R. M. & MAGON, R. *Teoria e prática em recuperação de áreas degradadas: Plantando a semente de um mundo melhor*. Serra Negra: Secretaria do Meio Ambiente do Estado de São Paulo, 2004.

PREFEITURA DE SÃO BERNARDO DO CAMPO. *Novo Plano Diretor de São Bernardo do Campo – Relatório 2: A Cidade que queremos: Proposta para um cenário futuro desejado*. São Bernardo do Campo, 2006a.

_____. *Novo Plano Diretor de São Bernardo do Campo – Relatório 3: Leitura da Cidade*. São Bernardo do Campo, 2006b.

_____. *Novo Plano Diretor de São Bernardo do Campo – Relatório 4: Diagnóstico*. São Bernardo do Campo, 2006c.

_____. *Sumário de dados 2009 - Ano base: 2008*. São Bernardo do Campo, 2009.

_____. *Sumário de Dados 2010 - Ano base: 2009*. São Bernardo do Campo, 2010.

_____. *Sumário de dados 2011 - Ano base: 2010*. São Bernardo do Campo, 2011.

_____. "Uma cidade de desenvolvimento e oportunidade". Disponível em http://www.saobernardo.sp.gov.br/. Acesso em fev. de 2010.

_____ (Secretaria de Planejamento e Tecnologia da Informação). *Revisão Histórica do Desenvolvimento Urbano de São Bernardo do Campo*. Disponível em http://www.saobernardo.sp.gov.br/secretarias/sp/plano_diretor/pd/index.asp. Acesso em fev. de 2010.

RAMALHO VASQUES, A. "Considerações de estudos de casos sobre *brownfields*: exemplos no Brasil e no mundo". Em *Biblio 3W, Revista Bibliográfica de Geografía y Ciencias Sociales*, XI (648), Universidad de Barcelona, 30-4-2006. Disponível em http://www.ub.es/geocrit/b3w-648.htm.

RIBEIRO JUNIOR, D. *Desindustrialização do ABC: emprego e desemprego em tempos de mudanças*. Dissertação de mestrado. São Bernardo do Campo: Faculdade de Ciências Administrativas da Universidade Metodista de São Paulo, 2008.

ROGERS, R. *Cidades para um pequeno planeta*. Barcelona: Gustavo Gili, 1997.

ROGGERO, M. *Um ensaio metodológico sobre a qualidade de vida no distrito de Cachoeirinha, zona norte da Cidade de São Paulo – SP*. Dissertação de mestrado. São Paulo: FFLCH-USP, 2009.

RONDINO, E. *Áreas verdes como destinação de áreas degradadas pela mineração: estudos de caso no município de Ribeirão Preto, Itu e Campinas, Estado de São Paulo*. Dissertação de mestrado. Piracicaba: Escola Superior de Agricultura "Luis de Queirós", 2005.

SABESP. *Guia de recuperação de áreas degradadas*. Cadernos Ligação. São Paulo: Sabesp, 2003.

SANCHES. *De áreas degradadas a espaços vegetados: potencialidades de áreas vazias, abandonadas e subutilizadas como parte da infraestrutura verde urbana*. Dissertação de mestrado. São Paulo: FAU-USP, 2011.

SANCHEZ, L. E. *Desengenharia: o passivo ambiental na desativação de empreendimentos industriais*. São Paulo: EPUSP, 2001.

SANCHEZ, L. E. "Revitalização de áreas contaminadas". Em MOERI, E.; COELHO, R. & MARKER, A. *Remediação e revitalização de áreas contaminadas*. São Paulo: Signus, 2004.

SANTOS, R. F. *Planejamento ambiental: teoria e prática*. São Paulo: Oficina dos Textos, 2004.

SÃO BERNARDO DO CAMPO. Lei nº 5.593/2006. *Plano Diretor do Município de São Bernardo do Campo*. Disponível em http://www.saobernardo.sp.gov.br/SECRETARIAS/SP/plano_diretor/PD/index.asp.

SÃO PAULO (CIDADE) SECRETARIA MUNICIPAL DO VERDE E MEIO AMBIENTE. *Atlas ambiental do município de São Paulo – O verde, o território, o ser humano: diagnóstico e bases para a definição de políticas públicas para as áreas verdes no município de São Paulo*. Coord. Patrícia Marra Sepe & Harmi Takiya. São Paulo: SVMA, 2004.

SCIFONI, S. *O verde do ABC: reflexões sobre a questão ambiental urbana*. Dissertação de mestrado. São Paulo: FFLCH-USP, 1994.

SCOTTISH VACANT and Derelict Land Survey 2009. *Statiscal Bulletin*. Planning Series. Governo da Escócia, 2009.

SCOTTISH VACANT and Derelict Land Survey 2012. *Statiscal Bulletin*. Planning Series. Governo da Escócia, 2012.

SHINZATO, P. *O impacto da vegetação nos microclimas urbanos*. Dissertação de mestrado. São Paulo: FAU-USP, 2009.

SIKAMÄK, J. & WERNSTEDT, K. "Turning Brownfields into Greenspaces: Examining Incentives and Barriers to revitalization". Em *Journal of Health Politics, Policy and Law*, 33 (3), jun. de 2008.

SILVA, A. L. M. A. *A importância dos fatores ambientais na reutilização de imóveis industriais em São Paulo*. Dissertação de mestrado. São Paulo: Escola Politécnica-USP, 2002.

SOUSA, Christopher A. de. "Turning *brownfields* into green space in the City of Toronto". Em *Landscape and Urban Planning*, vol. 62, 2003.

_____. "The greening of *brownfields* in America Cities". Em *Jornal of Environment Planning and Management*, 47 (4), jul. de 2004.

_____. "Green Futures for Industrial *Brownfields*". Em PLATT, R. (org.). *The Humane Metropolis: People and Nature in the 21st-Century City*. Amherst: University of Massachusetts Press/Lincoln Institute of Land Policy, 2006a.

_____. "Unearthing the Benefits of *Brownfield* to Green Space Projects: An Examination of Project Use and Quality of Life Impacts". Em *Local Environment*, 11 (5), out. de 2006b.

SPIRN, A. W. *O jardim de granito: a natureza no desenho da cidade*. São Paulo: Edusp, 1995.

STAPLES, Mike (org.). *Green Network Vacant and Derelict Land Study for Glasgow and Clyde Valley Structure Plan*. Joint Committee. Edimburgo: RPS, 2006. Disponível em http://www.gcvgreennetwork.gov.uk/. Acesso em mar. de 2010.

THRALL, G; SWANSON, B. & NOZZI, D. "Greenspace Acquisition and Ranking Program (GARP): a computer-assisted decision strategy". Em *Computers, Environment and Urban Systems*, vol. 12, 1988.

TORONTO OFFICIAL PLAN. Toronto: City Planning Division, 2006. Disponível em http://www.toronto.ca/planning/official_plan. Acesso em mar. de 2010.

TORONTO WATERFRONT. Central Waterfront Public Space Framework. Disponível em http://www.toronto.ca/waterfront/. Acesso em mar. de 2010.

TOWN AND COUNTRY Planning Association. *Biodiversity by Design: a guide for sustainable communities*. Londres: TPCA, 2004.

URGE. *Development of Urban Green Spaces to Improve the Quality of Life in Cities and Urban Regions*. Leipzig: UFZ, 2004.

VARGAS, H. C. "Gestão de áreas urbanas deterioradas". Em BRUNA, Gilda Collet; PHILIPPI JR., Arlindo & ROMERO, Marcelo de Andrade (orgs.). *Curso de gestão ambiental*. São Paulo: Manole, 2004.

WILLIAN, D. D.; BUGIN, A. & REIS, J. L. B. (orgs.). *Manual de recuperação de áreas degradadas pela mineração: técnicas de revegetação*. Brasília: Ibama, 1990.

Este livro foi composto com as fontes Century e Avenir, impresso em
papel couché fosco 120 g/m² no miolo e cartão supremo 250 g/m² na capa,
nas oficinas da Mundial Gráfica Ltda., em setembro de 2014.